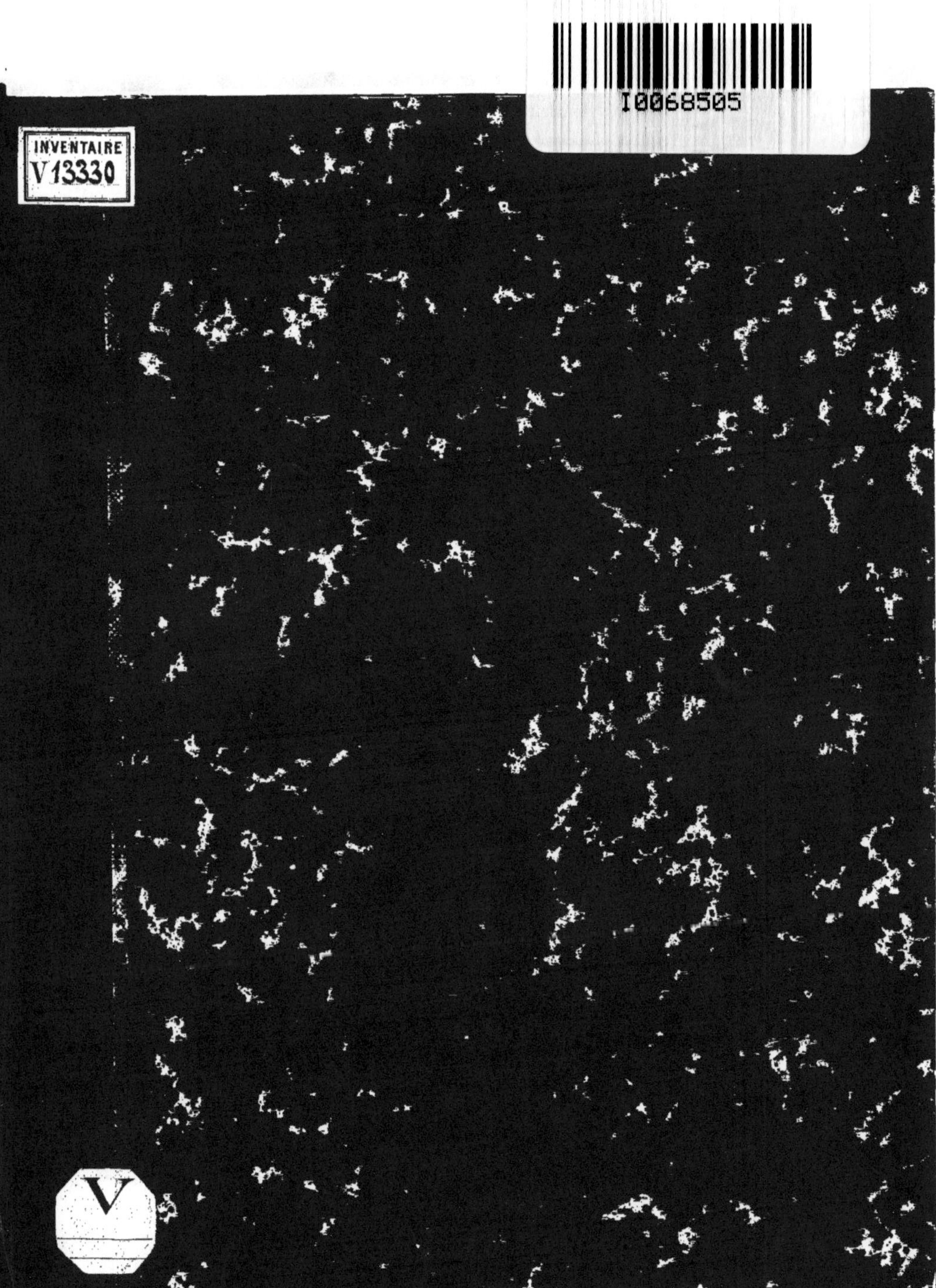

CONTROLE CHIMIQUE

DE LA

FABRICATION DU SUCRE

INSTRUCTIONS DE LABORATOIRE

Par MM. P. CHAMPION et H. PELLET

CHIMISTES DE LA COMPAGNIE DE FIVES-LILLE

PARIS

IMPRIMERIE DE J. CLAYE

RUE SAINT-BENOIT

1874

DE LA BETTERAVE

POIDS DES BETTERAVES TRAVAILLÉES

La quantité de betteraves travaillées journellement sert à établir la marche de la fabrication et le rendement en sucre. Cette détermination précise est, on le comprend, de la plus haute importance, puisqu'elle représente la base de la fabrication.

Dans quelques fabriques françaises, on pèse directement les betteraves avant de les envoyer au laveur et on déduit le poids des collets et de la terre adhérente, qu'on établit par de fréquents essais. Cette perte, qui constitue la tare, peu s'élever de 6 à 20 pour 100. Cette pratique n'est généralement pas suivie et on se contente d'apprécier le poids des betteraves d'après le nombre de chaudières, en se basant sur ce que 100 kil. de betteraves, par exemple, avec la proportion d'eau ajoutée, fournissent un hectolitre de jus.

Il est inutile d'insister sur les côtés défectueux de cette méthode dans laquelle l'état de la râpe, la quantité d'eau généralement inconnue et la qualité des betteraves sont autant de sources d'erreurs qui ont pour résultat d'empêcher tout contrôle du rendement en sucre et du travail des ouvriers.

I. Dans le cas général où la proportion d'eau ne peut être déterminée exactement, on établira le poids des betteraves et la quantité d'eau avec les éléments suivants :

1° Nombre d'hectolitres et densité du jus;

2° Richesse saccharine du jus (c'est-à-dire le poids de sucre contenu dans 100 centimètres cubes de jus);

3° Poids de pulpe obtenu;

4° Richesse saccharine de la pulpe (c'est-à-dire le poids de sucre contenu dans 100 grammes de pulpe) ;

5° Richesse moyenne des betteraves travaillées dans la journée.

Il est évident que la quantité totale de sucre contenue dans la betterave est égale à la quantité de sucre contenue dans le jus et dans la pulpe, ou : sucre total dans les betteraves = hectolitres jus × richesse saccharine + pulpe × richesse saccharine de la pulpe.

Exemple : soit 2000 hectolitres de jus, richesse du jus = 8 grammes pour 100 centimètres cubes.

Pulpe 34500 kilog., richesse 8 pour 100.

Richesse de la betterave, 10 pour 100.

D'après ce qui précède :

$$\text{Sucre total} = 200000 \text{ litres} \times \frac{8}{100} \times 34500 \text{ kilog.} \times \frac{8}{100} = 18760 \text{ kilog.}$$

$$\text{Donc : } \frac{10 \text{ kilog. sucre}}{100 \text{ kilog. betterave}} = \frac{18760 \text{ kilog.}}{x}$$

x = 187600 kilog. betteraves.

Ce calcul dans une fabrique où l'on traite 300000 kilog. de betteraves, peut correspondre à une erreur de 2000 kilog. soit 1/150.

II. En supposant connu le poids de la pulpe et l'eau mise à la râpe, on peut obtenir indirectement par le calcul et avec une exactitude suffisante, le poids des betteraves travaillées.

Soit : 2000 hectolitres de jus. Densité 1,035.

Pulpe, 34500 kilogr.

Hectolitres d'eau employés dans la journée, 600.

On a : pulpe + jus — eau = betteraves.

Ou pulpe 34500 kilogr. + jus 207000 kilogr.[1] — eau 600 kilogr.

Ou 241500 kilogr. — 60,000 kilogr. = 181500 kilogr. betteraves.

EAU AJOUTÉE A LA RAPE

Du calcul précédent on déduit la quantité d'eau pour 100 de betteraves.

Car : Pulpe + jus = betteraves + eau.

1. 20000 hectol. × 1,035.

Ou 34500 kilog. pulpe + 207000 kilog. jus = 172500 kilog. betteraves + eau.

Eau = 69000 kilog.

$$\frac{172500}{69000} = \frac{100}{x};\ x = 40 \text{ kilog. eau pour 100 kilog. betteraves.}$$

On a proposé, pour obtenir le même résultat, l'emploi de tableaux indiquant les rapports de la densité d'un jus normal et du même jus étendu d'eau, et permettant de déduire la proportion d'eau.

Cette méthode est entachée de nombreuses causes d'erreurs dont les principales sont :

1° La difficulté de prendre exactement la densité du jus des presses par suite de l'entraînement de la pulpe et de la présence de l'air retenu mécaniquement; une légère erreur dans cette détermination influence le résultat d'une manière très-notable ;

2° La détermination d'un coefficient correspondant à la proportion du jus de la betterave qui prend part au mélange avec l'eau. (Chiffre variable suivant la durée du contact, l'état de la râpe et la nature des presses.)

QUOTIENT DE PURETÉ DU JUS

On détermine le plus exactement possible la densité du jus à essayer et on lit sur le tableau ci-joint la quantité de sucre correspondante.

D'autre part, on dose le sucre pour 100^{cc}; soit un jus marquant 1,036 au densimètre = 9° au pèse-Balling ou Brix[1].

Si le jus était pur, il renfermerait 9 pour 100 de sucre. Supposons que la teneur réelle déterminée par le saccharimètre soit 7,50. L'augmentation de densité est due à la présence de matières salines et organiques étrangères, et de sels.

$$\frac{7{,}50 \text{ teneur réelle}}{9 \text{ teneur apparente}} = 0{,}833 \text{ quotient de pureté.}$$

Cette méthode s'applique aussi aux jus carbonatés. Il est évident que plus le jus sera pur, plus ce quotient se rapprochera de l'unité.

1. Cet aréomètre, plongé dans une solution de sucre pur, indique la teneur en sucre pour 100 centimètres cubes.

COMPARAISON DES DEGRÉS SACCHARIMÉTRIQUES BALLING AVEC LES DEGRÉS BEAUMÉ[1]

A 17°,5 c. (Voir ci-après la correction des degrés par rapport à la température.)

Pour 100 sucre Balling.	Beaumé.	Densimètre.	Pour 100 sucre Balling.	Beaumé.	Densimètre.	Pour 100 sucre Balling.	Beaumé.	Densimètre.
1	0.56	1.0039	35	19.23	1.1541	69	36.91	1.3446
2	1.11	0078	36	19.77	1594	70	37.40	3509
3	1.67	0117	37	20.30	1641	71	37.90	3572
4	2.23	0157	38	20.84	1692	72	38.39	3635
5	2.78	0197	39	21.37	1743	73	38.89	3700
6	3.34	0237	40	21.91	1794	74	39.38	3764
7	3.89	0278	41	22.44	1846	75	39.87	3829
8	4.45	0319	42	22.97	1898	76	40.36	3894
9	5.00	0360	43	23.50	1950	77	40.84	3959
10	5.56	0401	44	24.03	2003	78	41.33	4025
11	6.11	0443	45	24.56	2056	79	41.81	4092
12	6.66	0485	46	25.09	2110	80	42.29	4159
13	7.22	0528	47	25.62	2164	81	42.78	4226
14	7.77	0570	48	26.14	2218	82	43.25	4293
15	8.32	0613	49	26.67	2273	83	43.73	4361
16	8.87	0657	50	27.19	2328	84	44.21	4430
17	9.42	0700	51	27.71	2383	85	44.68	4499
18	9.97	0744	52	28.24	2439	86	45.15	4568
19	10.52	0787	53	28.75	2495	87	45.62	4638
20	11.07	0833	54	29.27	2552	88	46.09	4708
21	11.62	0878	55	29.79	2609	89	46.58	4778
22	12.17	0923	56	30.31	2666	90	47.02	4849
23	12.72	0969	57	30.82	2724	91	47.48	4920
24	13.26	1015	58	31.34	2782	92	47.95	4992
25	13.81	1061	59	31.85	2840	93	48.40	5064
26	14.35	1107	60	32.36	2899	94	48.86	5136
27	14.90	1154	61	32.87	2958	95	49.32	5209
28	15.44	1201	62	33.38	3018	96	49.77	5281
29	15.99	1249	63	33.89	3078	97	50.22	5355
30	16.53	1297	64	34.40	3138	98	50.67	5429
31	17.07	1345	65	34.90	3199	99	51.12	5504
32	17.61	1393	66	35.40	3260	100	51.56	5578
33	18.15	1442	67	35.90	3322			
34	18.69	1491	68	36.41	3384			

Il est nécessaire de vérifier les densimètres en les plongeant dans l'eau distillée à 15° centigrades, et d'effectuer la lecture de la même manière à chaque détermination de densité. On débarrasse facilement le jus de l'air qu'il contient en le chauffant vers 30°, ou par un repos suffisant.

1. Extrait de l'ouvrage de M. Stammer.

TABLEAU DE LA DENSITÉ DES JUS A DIVERSES TEMPÉRATURES[1]

Nota. — La colonne de gauche contient le chiffre lu sur le densimètre; celles à droite, la densité corrigée qui répond au degré du thermomètre placé en haut de la colonne.

Exemple : Le thermomètre marquant 9° et le densimètre 1071, la densité corrigée = 1069.5.

DENSIMÈTRE.	8°	9°	10°	11°	12°	13°	14°	15°	16°	17°	18°	19°	20°
1050	1048.2	1048.5	1048.7	1049	1049.2	1049.5	1049.7	1050	1050.2	1050.5	1050.7	1051	1051.2
51	49.2	49.5	49.7	50	50.2	50.5	50.7	51	51.2	51.5	51.7	52	52.2
52	50.2	50.5	50.7	51	51.2	51.5	51.7	52	52.2	52.5	52.7	53	53.2
53	51.2	51.5	51.7	52	52.2	52.5	52.7	53	53.2	53.5	53.7	54	54.2
54	52.2	52.5	52.7	53	53.2	53.5	53.7	54	54.2	54.5	54.7	55	55.2
55	53.2	53.5	53.7	54	54.2	54.5	54.7	55	55.2	55.5	55.7	56	56.2
56	54.2	54.5	54.7	55	55.2	55.5	55.7	56	56.2	56.5	56.7	57	57.2
57	55.2	55.5	55.7	56	56.2	56.5	56.7	57	57.2	57.5	57.7	58	58.2
58	56.2	56.5	56.7	57	57.2	57.5	57.7	58	58.2	58.5	58.7	59	59.2
59	57.2	57.5	57.7	58	58.2	58.5	58.7	59	59.2	59.5	59.7	60	60.2
1060	1058.2	1058.5	1058.7	1059	1059.2	1059.5	1059.7	1060	1060.2	1060.5	1060.7	1061	1061.2
61	59.2	59.5	59.7	60	60.2	60.5	60.7	61	61.2	61.5	61.7	62	62.2
62	60.2	60.5	60.7	61	61.2	61.5	61.7	62	62.2	62.5	62.7	63	63.2
63	61.2	61.5	61.7	62	62.2	62.5	62.7	63	63.2	63.5	63.7	64	64.2
64	62.2	62.5	62.7	63	63.2	63.5	63.7	64	64.2	64.5	64.7	65	65.2
65	63.2	63.5	63.7	64	64.2	64.5	64.7	65	65.2	65.5	65.7	66	66.2
66	64.2	64.5	64.7	65	65.2	65.5	65.7	66	66.2	66.5	66.7	67	67.2
67	65.2	65.5	65.7	66	66.2	66.5	66.7	67	67.2	67.5	67.7	68	68.2
68	66.2	66.5	66.7	67	67.2	67.5	67.7	68	68.2	68.5	68.7	69	69.2
69	67.2	67.5	67.7	68	68.2	68.5	68.7	69	69.2	69.5	69.7	70	70.2
1070	1068.2	1068.5	1068.7	1069	1069.2	1069.5	1069.7	1070	1070.2	1070.5	1070.7	1071	1071.2
71	69.2	69.5	69.7	70	70.2	70.5	70.7	71	71.2	71.5	71.7	72	72.2
72	70.2	70.5	70.7	71	71.2	71.5	71.7	72	72.2	72.5	72.7	73	73.2
73	71.2	71.5	71.7	72	72.2	72.5	72.7	73	73.2	73.5	73.7	74	74.2
74	72.2	72.5	72.7	73	73.2	73.5	73.7	74	74.2	74.5	74.7	75	75.2
75	73.2	73.5	73.7	74	74.2	74.5	74.7	75	75.2	75.5	75.7	76	76.2
76	74.2	74.5	74.7	75	75.2	75.5	75.7	76	76.2	76.5	76.7	77	77.2
77	75.2	75.5	75.7	76	76.2	76.5	76.7	77	77.2	77.5	77.7	78	78.2
78	76.2	76.5	76.7	77	77.2	77.5	77.7	78	78.2	78.5	78.7	79	79.2
79	77.2	77.5	77.7	78	78.2	78.5	78.7	79	79.2	79.5	79.7	80	80.2
1080	1078.2	1078.5	1078.7	1079	1079.2	1079.5	1079.7	1080	1080.2	1080.5	1080.7	1081	1081.2
81	79.2	79.5	79.7	80	80.2	80.5	80.7	81	81.2	81.5	81.7	82	82.2
82	80.2	80.5	80.7	81	81.2	81.5	81.7	82	82.2	82.5	2.7	83	83.2
83	81.2	81 5	81.7	82	82.2	82.5	82.7	83	83.2	83.5	83.7	84	84.2
84	82.2	82.5	82.7	83	83.2	83.5	83.7	84	84.2	84.5	84.7	85	85.2
85	83.2	83.5	83.7	84	84.2	84.5	84.7	85	85.2	85.5	85.7	86	86.2
86	84.2	84.5	84.7	85	85.2	85.5	85.7	86	86.2	86.5	86.7	87	87.2
87	85.2	85.5	85.7	86	86.2	86.5	86.7	87	87 2	87.5	87.7	88	88.2
88	86.2	86.5	86.7	87	87.2	87.5	87.7	88	88.2	88.5	88.7	89	89.2
89	87.2	87.5	87.7	88	88.2	88.5	88.7	89	89.2	89.5	89.7	90	90.2
1090	1088.2	1088.5	1088.7	1089	1089.2	1089.5	1089.7	1090	1090.2	1090.5	1090.7	1091	1091.2

1. Extrait de la brochure de M. Vilmorin.

Soit en moyenne pour 1° de température, 0g,25 à retrancher ou à ajouter à la densité trouvée.

Exemple : Un jus marque 1053 à 11°. Pour le ramener à 15°, on a : 15 — 11 = 4 ;

Il faudra donc retrancher 4 × 0g,25 = 1 gr. Soit 1053 — 1 = 1052 à 15°.

VALEUR RELATIVE DE LA BETTERAVE

Ce chiffre résulte du produit de la richesse de la betterave par le quotient de pureté du jus.

Soit : Richesse saccharine de la betterave = 10,50 p. 100.

Quotient de pureté du jus, 0,80.

Valeur de la betterave = 10,50 × 0,80 = 8,40.

Supposons une autre variété de betteraves contenant comme la première, 10,5 pour 100 de sucre et ayant un quotient de pureté de 0,75, la valeur de la betterave = 7,87.

En résumé, des betteraves ayant une même teneur en sucre peuvent avoir une valeur très-différente, suivant la proportion des matières organiques étrangères ou salines qu'elles renferment. On comprend l'intérêt de cette détermination dans le choix des betteraves, les matières organiques contenues dans le jus ayant une influence notable sur le rendement.

DOSAGE DU SUCRE DANS LES BETTERAVES (*)

Les betteraves convenablement conservées ne subissent que de faibles altérations, surtout si les silos sont disposés de manière à éviter la gelée. Néanmoins, si la conservation dépasse le mois de janvier, et suivant la température, l'état de la sécheresse de l'air et diverses autres circonstances, l'altération peut se manifester rapidement et le sucre se transformer en partie en glucose[1].

On doit alors procéder au dosage du sucre cristallisable et du glucose par les procédés indiqués page 30.

Le dosage du sucre dans les betteraves se fait en général d'une manière indirecte. On détermine par le saccharimètre la proportion de sucre dans 100 grammes de jus normal, et en multipliant par 96/100 le chiffre trouvé, on obtient la richesse saccharine de la betterave.

(*) Les procédés marqués d'une astérisque devront être employés de préférence aux autres, à moins de cas spéciaux.

1. La proportion de glucose atteint quelquefois 1 gramme à 1g,5.

P. C. et H. P.

Ce chiffre de 96/100 (représentant le poids moyen de jus contenu dans la betterave) a été vérifié par un grand nombre d'expérimentateurs et fournit une approximation suffisante pour les besoins de l'industrie; s'il venait à changer pour une qualité particulière de betteraves, on déterminerait facilement le nouveau coefficient à employer. (Voir dosage du jus dans les betteraves. Page 32.)

Pour doser le sucre dans le jus normal, on prend des échantillons moyens de betteraves, qu'on râpe au laboratoire. L'échantillon sur lequel porte l'analyse devant représenter la moyenne d'une quantité considérable de betteraves, on prendra environ 50 sujets, différents autant que possible les uns des autres, et on fera un échantillon commun.

Il est préférable d'opérer sur le jus normal de la fabrique, qu'on obtiendra en arrêtant l'eau à la râpe pendant quelques instants, et en pressant au laboratoire la pulpe obtenue.

Le mode de râpage exerce sur le dosage du sucre une influence notable, dont on peut se rendre compte par les exemples suivants, correspondant à trois cas distincts. (Voir *Journal des fabricants de sucre*, nº 48. — 12 mars 1874.)

1° Râpe neuve;

2° Râpe après 6 heures de travail;

3° Râpe fournissant une grosse pulpe.

I. *Râpe neuve coupante.*

Sucre dosé par la liqueur de Felhing, dans une moitié de betterave.	13g.20

La deuxième moitié a été coupée en petites lanières et pressée.

Sucre dosé dans le jus et rapporté à la betterave.	12g.01
Différence	1g.28

II. *Râpe après six heures de travail.*

	Pulpe de presses hydrauliques.		Pulpe de presses continues.	
	Râpe neuve.	Après 6 heures de travail.	Râpe neuve.	Après 6 heures de travail.
Eau	75.05	73.8	»	»
Sucre.	11.03	10.5	9.61	9.03
Cendres.	2.65	4.05	1.80	2.95
Matières organiques. .	11.27	11.65	»	»
	100.00	100.00		

3° *Râpe fournissant une grosse pulpe.* Râpes à main de laboratoire et râpes de fabrique dans lesquelles les lames de scie ayant une trop grande saillie, laissent entre la surface du tambour et les dents un espace dans lequel vient s'engager la betterave.

1° Râpage lent. Sucre dans la betterave dosé directement par la liqueur Felhing.	13.29
Sucre, par le saccharimètre, déduit de la teneur du jus.	12.67
Différence.	0.62
2° Râpage rapide, même denture, autre betterave, sucre dosé directement par la liqueur de Felhing	12.75
Sucre, par le saccharimètre, déduit du jus.	11.15
Différence.	1.60

En se reportant à l'article cité précédemment, on peut conclure que :

1° Suivant l'état des râpes, leur vitesse et le temps d'action des poussoirs, pour une même qualité de betteraves, la richesse des pulpes varie d'une manière notable ; et dans des conditions défectueuses de râpage, la teneur en sucre de la pulpe peut au moins égaler celle de la betterave. Il résulte de là que l'appréciation de la richesse saccharine de la betterave par celle du jus sera soumise à des erreurs variables ;

2° Les analyses de betteraves, faites avec les râpes à main, fournissent en général des résultats inférieurs aux chiffres réels. Dans tous les cas, l'emploi de la liqueur de Felhing donnera des indications précises qui ne sont pas entachées des mêmes causes d'erreur ; on suivra les indications de M. Viollette pour la prise d'échantillon (voir plus loin : Emploi de la liqueur Felhing) ;

3° En prenant pour point de départ une râpe dans de bonnes conditions de travail, la teneur en sucre du jus des tables est la même que celle du jus des presses, quoique la densité soit fréquemment plus élevée dans le deuxième cas ; ce que l'on peut attribuer à l'entraînement d'une plus grande quantité de matières organiques (albuminoïdes, pectiques et autres) qui présentent une certaine viscosité et résistent à une pression modérée. Le contraire aurait lieu, sans doute, pour un mauvais râpage dans lequel les premières portions du jus extrait correspondraient à la partie médullaire de la betterave.

DOSAGE DU SUCRE

PAR LE SACCHARIMÈTRE[1]

Procédé A. — On prend 160 centimètres cubes de jus qu'on additionne de 40 centimètres cubes d'acétate de plomb tribasique en solution

1. L'appareil le plus en usage est le saccharimètre ordinaire de Soleil, dont la précision

concentrée de 28 à 32° B. On agite, on filtre et on titre au saccharimètre[2].

Supposons qu'on ait trouvé un nombre de divisions correspondant à une solution contenant 87 grammes de sucre par litre.

$$\frac{1000^{cc}}{87} = \frac{200}{x}; \quad x = 17^{g},4.$$

Donc 200^{cc} — 40^{cc} acétate de plomb, ou 160^{cc} de jus contiennent $17^{g},4$ sucre, et 100 centimètres cubes renferment $10^{g},87$ sucre.

On a vu précédemment que pour déduire de ce chiffre la proportion de sucre contenu dans la betterave, on multiplie par 96/100 : mais il faut remarquer que ce chiffre $10^{g},87$ correspond à un volume de jus, et en admettant une densité moyenne de 1,055

$$\frac{105^{g},5}{100} = \frac{96}{x}; \quad x = 91.$$

On devra donc multiplier par 91/100. Soit : 10,87 × = $9^{g},89$.

Pour des densités différentes, on établira le coefficient correspondant.

Dans le but d'obtenir une moyenne exacte, on prélève souvent des échantillons de jus des presses qu'on additionne de lait de chaux, pour prévenir leur altération rapide, et qu'on titre en une seule fois, soit : 100 centimètres cubes de lait de chaux (à 10 ou 15 pour 100 de chaux) pour un litre de jus. On décante le jus limpide et on ajoute comme précédemment : acétate de plomb 40 centimètres cubes, jus 160 centimètres cubes.

Soit : sucre trouvé par litre = 77^{g}. 200^{cc} = $15^{g},40$. Donc 160^{cc} jus chaulé = $15^{g},40$ et 100^{cc} correspondent à sucre $9^{g},62$. On a ajouté au jus normal : lait de chaux 10 pour 100 ; le chiffre 9,62 sera donc trop faible de 1/10 ou 9,62 + 0,96 = 10,58.

$$\text{D'où : } 10,58 \times \frac{91}{100} = 9^{g},62 \text{ pour 100 de betterave.}$$

Dans le cas d'un râpage défectueux, on peut effectuer le dosage du sucre

est insuffisante, surtout quand on se trouve en présence de liqueurs sucrées étendues; on obtient une approximation de beaucoup supérieure par l'emploi du saccharimètre à pénombre de M. Cornu. Cette approximation peut être évaluée à $0^{g},25$ pour 100 de sucre. Dans le titrage des produits colorés à l'aide du saccharimètre, il est utile de remarquer qu'un excès d'acétate de plomb redissout le précipité formé et fournit une liqueur plus ou moins colorée qui, dans certains cas, s'oppose à l'appréciation de l'égalité des teintes.

2. Les betteraves jeunes contiennent une plus grande quantité de matières colorables que les betteraves arrivées à maturité. Les jus obtenus dans le premier cas se colorent souvent à l'air et acquièrent une teinte verdâtre après addition d'acétate tribasique de plomb. On peut sans inconvénient ajouter aux jus filtrés environ 1 gramme de noir fin pour 100 centimètres cubes de jus et filtrer de nouveau.

Une proportion de noir fin s'élevant à 3 pour 100 absorberait une quantité appréciable de sucre.

dans la betterave par les procédés suivants, qui s'appliquent aussi sans modifications au dosage du sucre dans la pulpe :

Procédé B. — On prend 50 grammes de pulpe (de râpe quelconque) auxquels on ajoute du sable fin lavé, environ 100 à 200 grammes. Broyer soigneusement dans un mortier et traiter par l'eau bouillante. Décanter, broyer de nouveau et ainsi de suite. On passe le jus sur une toile métallique très-fine pour séparer la pulpe.

Le volume total du liquide ne doit pas dépasser environ 400 à 450 centimètres cubes; on ajoute de l'acétate de plomb et on fait un volume de 500 centimètres cubes.

Exemple : Sucre dosé dans une betterave par la liqueur de Felhing 7,8 et 8.

Par la méthode précédente, 7,7 et 7,9.

Dans ces conditions, le sable provoque la désagrégation des cellules qui ont échappé aux dents de la râpe.

Procédé C. — On prend 200 grammes de pulpe, auxquels on ajoute 500 centimètres cubes d'eau et 100 centimètres cubes d'eau de chaux; on place le tout dans une capsule tarée, et on chauffe à l'ébullition pendant 15 à 30 minutes, suivant l'état de division de la pulpe. Après refroidissement, on remplace la quantité d'eau évaporée, on presse et on dose le sucre dans le jus. Prendre 100 centimètres cubes du liquide, ajouter 10 centimètres cubes acétate de plomb, titrer au saccharimètre.

D'autre part, on dose l'eau dans la pulpe sur 20 grammes de matière.

Supposons eau 75 pour 100.

Eau ajoutée 600 centimètres cubes.

Eau contenue dans 200 grammes de pulpe	150g
Eau ajoutée	600g
Eau totale	750g

En raison de la grande dilution du jus, on peut, sans erreur appréciable, supposer sa densité égale à celle de l'eau.

Soit sucre trouvé par litre 23g,5 ; comme on a ajouté 10 centimètres cubes d'acétate de plomb pour 100 centimètres cubes, on devra augmenter de 1/10, soit sucre par litre, 25,57.

Si 1000cc (jus normal + eau) = 25,57,

150cc + 600 soit 750 = sucre 19g,17,

200 grammes pulpe = 19,17,

100 grammes = 9g,58.

DOSAGE DU SUCRE

PAR LES LIQUEURS TITRÉES

EMPLOI DE LA LIQUEUR DE FELHING

Les notes qui suivent sont extraites de l'excellente brochure de M. Viollette, « Dosage du sucre par les liqueurs titrées ».

« On sait que 180 de glucose $C^{12} H^{12} O^{12}$ correspondent à 1246,8 de sulfate cuivrique, et 5 grammes de glucose, à $34^{g},64$ de sel. Comme un équivalent de sucre de cannes, $C^{12} H^{11} O^{11} = 171$, fixe un équivalent d'eau, ($H\ O = 9$,) sous l'influence des acides pour se transformer en sucre interverti équivalant à 180 de glucose, on peut dire que $4^{g},75$ de sucre de cannes correspondent à 5 grammes de glucose, car

$$\frac{180}{171} = \frac{5}{x};\quad \text{d'où } x = 4^{g},75,$$

et que, par suite, $4^{g},75$ de sucre de cannes correspondent à $34^{g},64$ de sulfate de cuivre. On déduit de là que 5 grammes de sucre de cannes correspondraient, après inversion, à $36^{g},46$ de sulfate, car

$$\frac{4,75}{34,64} = \frac{5}{x};\quad \text{d'où } x = 36^{g},46.$$

« D'autre part, si pour $34^{g},64$ de sulfate, il faut 187 grammes de sel de Seignette[1], pour 36,46 il en faudra 199, ou sensiblement 200 grammes.

« De là la formule ci-dessous, que j'ai définitivement adoptée.

« On prépare une première solution composée de :

« $36^{g},46$ de sulfate de cuivre cristallisé pur,

« 140^{cc} d'eau distillée.

« Puis une seconde solution renfermant :

« 200 grammes de sel de Seignette pur,

« 500 centimètres cubes de lessive de soude caustique à 24° B. (densité = 1,199), ou 600 centimètres cubes de lessive de soude caustique à 22° B. (densité = 1,180)[2], et l'on opère de la manière suivante :

« D'une part, on introduit dans une carafe de 1 litre jaugée, les 500 centimètres cubes de lessive de soude caustique pure marquant 24° à l'aréomètre Beaumé ou les 600 centimètres cubes de lessive de soude marquant 22°, puis

1. Tartrate double de potasse et de soude.

2. Ou : Eau, 440 centimètres cubes, soude caustique, 120 grammes.

200 grammes de sel de Seignette pur, et on facilite la dissolution en agitant le vase légèrement chauffé au bain-marie ;

« D'autre part, on dissout à l'aide d'une chaleur modérée 36g,46 de sulfate de cuivre pur, sec et non effleuri, que l'on a placé avec 140 centimètres cubes d'eau distillée dans une petite capsule de porcelaine à bec ; on agite de temps à autre la liqueur à l'aide d'une baguette de verre que l'on a soin de laisser dans la capsule.

« Lorsque la dissolution est opérée, on verse avec précaution et lentement la liqueur cuivrique dans la solution alcaline du sel de Seignette, en la faisant couler le long de la baguette de verre appuyée verticalement contre le bec de la capsule.

« On interrompt l'opération de temps à autre pour agiter la carafe afin de dissoudre le précipité qui se forme. On rince à plusieurs reprises la capsule et l'agitateur avec de l'eau distillée, et on ajoute ces liqueurs au liquide de la carafe. Puis lorsqu'il ne reste plus trace de cuivre dans la capsule, on ajoute de l'eau distillée dans le vase de 1 litre presque jusqu'au trait circulaire marqué sur son col ; on agite et on abandonne le tout au refroidissement.

« Quand le vase est revenu à la température de 15° centigrades, ce qui exige plusieurs heures si le vase est abandonné à l'air, ou même s'il est plongé dans de l'eau de puits, on place le vase sur une table bien horizontale, et l'on ajoute de l'eau distillée jusqu'à ce que le bas du ménisque vienne affleurer le plan horizontal du cercle gravé sur le col de l'instrument. Cela fait, on applique la paume de la main gauche sur l'ouverture du vase ; on soulève de l'autre main en appuyant fortement et on le renverse à plusieurs reprises, de manière à bien mélanger le liquide. Cette condition est remplie lorsqu'on n'aperçoit plus dans le flacon de précipité ni aucune strie dans la masse du liquide, qui doit être d'un beau bleu transparent.

« La liqueur est introduite dans des flacons maintenus, autant que possible, à l'abri de la lumière, si l'on veut éviter toute altération. Il est commode, pour l'usage, et surtout lorsqu'on a un grand nombre d'essais à faire d'une manière continue, d'introduire la liqueur dans des flacons d'un litre, dont le bouchon en caoutchouc est traversé par la tige d'une pipette jaugée de la capacité de 10 centimètres cubes correspondant à deux traits circulaires A et B, gravés l'un à la partie supérieure, l'autre à la partie inférieure de la tige, dont l'extrémité est fermée par une petite coiffe en caoutchouc.

EMPLOI DE LA LIQUEUR NORMALE CUIVRIQUE

« L'inversion du sucre s'obtient en plaçant la matière sucrée dans des fioles avec de l'eau contenant 1 à 2 pour 100 d'acide sulfurique monohydraté [1], et

1. Ou 1 pour 100 d'acide chlorhydrique pur. P. C. et H. P.

en chauffant le liquide au bain-marie pendant 15 à 20 minutes à une température voisine de 100°; une ébullition prolongée dans ces conditions est sans inconvénient : un excès d'acide transforme certaines substances étrangères au sucre (principalement dans le cas des pulpes), en augmentant la proportion de glucose.

« On peut même, sans inconvénient, chauffer à feu nu, mais en ayant soin que le fond de la fiole soit séparé de la flamme par une toile métallique disposée sur un anneau en fer mince, à larges bords, de manière à empêcher la flamme de toucher les parois verticales de la fiole. Quand on voit que le liquide est en ébullition, on diminue la flamme de manière à maintenir le liquide à une température voisine de 100°.

« La réaction du sucre interverti sur la liqueur cuivrique est produite dans des tubes en verre blanc, à parois bien nettes, ayant de 20 à 22 millimètres de diamètre sur une longueur de 22 à 24 centimètres. La sensibilité du procédé dépend en grande partie de l'emploi de ces tubes, au lieu de ballons ou de capsules dont on se sert habituellement, et dont l'usage doit être absolument proscrit.

« A l'aide d'une pipette jaugée, portant deux traits circulaires au-dessus et au-dessous du réservoir, on introduit dans un de ces tubes 10 centimètres cubes de liqueur cuivrique, puis environ 5 centimètres cubes d'eau si le liquide à analyser est très-riche; en outre, quelques fragments de pierre ponce, calcinés et lavés, et l'on chauffe le tube en le tenant légèrement incliné[1].

« La fin de l'opération correspond à la décoloration complète de la liqueur.

« La pierre ponce est destinée à rendre l'ébullition régulière et à empêcher toute projection d'un liquide bouillant et alcalin pouvant occasionner des brûlures dangereuses. Les fragments de ponce, de la grosseur d'une très-petite lentille, ont dû être lavés à l'acide et à l'eau après leur calcination et fortement agités dans le liquide, jusqu'à ce qu'ils n'abandonnent plus aucune poussière, car il est très-important de ne pas troubler la transparence du liquide cuivrique par des corps étrangers tenus en suspension.

« Lorsque la liqueur cuivrique est en pleine ébullition, on retire du feu, à l'aide d'une pince en bois, le tube dans lequel on verse peu à peu 1 ou 2 centimètres cubes de la liqueur sucrée contenue dans une burette divisée en centimètres cubes et en dixièmes de centimètre cube. L'extrémité du tube de la burette par où se fait l'écoulement a été enduite d'une légère couche de

1. La précipitation de l'oxydule est facilitée par l'addition d'eau distillée, 10 centimètres cubes, solution de soude (200 centimètres cubes par litre), 2 centimètres cubes; un excès de soude modifie les résultats.

P. C. et H. P.

paraffine ou de suif, afin de rendre les gouttes plus régulières et d'empêcher que le liquide ne coule en dehors, le long des parois. On voit bientôt se former à la surface du liquide un précipité jaunâtre d'oxyde cuivreux hydraté, quelquefois verdâtre, qui ne tarde pas, si l'ébullition continue, à devenir d'un beau rouge et à se déposer au fond du tube, si ce dernier est retiré du feu.

« Il s'est opéré une véritable combustion au sein de la liqueur; l'oxyde cuivrique, $Cu^2 O^2$, soluble à la faveur de l'acide tartrique et de l'alcali, s'est réduit en perdant de l'oxygène à l'état d'oxyde cuivreux Cu^2O insoluble, aux dépens de l'élément combustible glucose ou sucre interverti que l'on introduit. La couleur de l'oxyde cuivreux Cu^2O, qui est d'un beau rouge, explique toutes les circonstances de cette réaction. En effet, le précipité qui, dans toutes les phases de l'opération est toujours d'un beau rouge pourvu qu'il ait été soumis quelque temps à l'ébullition, paraît violet d'abord, parce qu'il est vu à travers une liqueur bleue ; mais à mesure que l'on verse la liqueur sucrée, il paraît de plus en plus rouge, parce que la liqueur cuivrique devient de moins en moins bleue. Lorsque après avoir versé une quantité convenable de liquide sucré, tout l'oxyde cuivrique a disparu, le précipité d'oxyde cuivreux apparaît avec sa couleur naturelle, qui est d'un beau rouge clair, et en même temps la liqueur qui surnage le précipité est tout à fait incolore.

« Si l'on continue à verser du liquide sucré par petites portions et si l'on fait bouillir la liqueur après chaque addition, le précipité paraît toujours d'un beau rouge; mais ce rouge va sans cesse en tirant sur le jaune, puis sur le jaune brun. En même temps, la liqueur claire qui surnage le précipité, quand on retire le tube du feu pendant quelques instants, prend successivement les teintes suivantes : jaune paille, jaune ambré, jaune brun, brun foncé. Cela tient à ce que l'alcali libre, qui se trouve en grand excès dans la liqueur cuivrique employée, agit sur le glucose et la léluvose du sucre interverti, en les transformant en ces produits bruns mal définis dont il a été question plus haut.

« Il est bon de remarquer aussi que la mousse qui se forme pendant l'ébullition, à la surface du liquide, présente les mêmes teintes que lui. Elle est d'abord bleuâtre, puis incolore quand l'opération touche à sa fin, puis jaune et jaune brun quand le terme de la précipitation est dépassé. En même temps, dans ce dernier cas, le liquide prend une odeur de caramel ou de sucre brûlé. C'est là un excellent caractère et qu'il importe de ne pas négliger, car il permet de conduire rapidement les essais.

« Les considérations qui précèdent établissent que, dans la réaction du sucre interverti sur la liqueur cuivrique, il est de toute nécessité de saisir exactement le moment où la précipitation de l'oxyde cuivreux est complète, et c'est là le point délicat de la méthode. Aussi, dans le but de venir en aide aux expérimentateurs peu familiarisés avec les réactions chimiques, j'ai résumé dans le tableau ci-contre les différentes phases de l'opération.

« On arrivera d'une manière facile et sûre à reconnaître la fin de l'expérience, en examinant les caractères que présente la liqueur un peu avant ce terme et un peu après. Ces caractères sont de deux sortes : les uns, tirés de la couleur de la masse en pleine ébullition, de la coloration de la mousse et de la nuance du liquide clair qui surnage le dépôt formé dans la liqueur par le repos, ne sont que secondaires ; à eux seuls, en effet, ils ne suffisent pas pour apprécier le terme de l'opération ; on doit cependant en tenir compte, car ils en indiquent la marche. Les autres caractères, tirés de la précipitation et de la coloration à la surface du liquide chaud et clair, sont fondamentaux, car seuls ils peuvent préciser le terme de l'analyse. Leur importance m'engage à entrer dans quelques détails qui les feront mieux apprécier.

« Un peu avant la fin de l'opération, il est possible que la liqueur contienne encore des traces de cuivre, bien qu'elle semble incolore, soit parce que la teinte bleue très-faible qu'elle possède se trouve délayée dans toute la masse, soit parce que quelque couleur complémentaire vient la masquer. Ce dernier cas peut se présenter quand on opère avec des liqueurs qui contiennent des principes autres que le sucre. Mais pour peu qu'il y ait encore du cuivre, quelques gouttes du liquide ajoutées à la surface de la liqueur chaude et claire contenue dans le tube occasionneront un précipité nuageux opaque qui, par l'agitation, se répandra dans la masse en en troublant la transparence.

« Toutefois, il faut bien se garder de prendre pour un précipité un effet de la réfraction dû à la différence de nature des deux liquides superposés à la surface, quand on a ajouté quelques gouttes du liquide sucré. On voit par là combien il est important qu'il n'y ait pas de corps étrangers en suspension dans les liqueurs. C'est pour cette raison que je prescris de laver la pierre ponce avec les plus grands soins, car la poussière qui s'en échapperait pourrait, en se répandant dans la liqueur, augmenter encore l'illusion.

« Aussi, pour éviter toute incertitude, il convient, après que tout précipité nuageux a cessé de se produire, de continuer à verser le liquide sucré par petites fractions de quelques gouttes, et de faire bouillir à chaque fois la masse contenue dans le tube. S'il n'y a plus d'oxyde cuivrique dans la liqueur, l'alcali qu'elle renferme en excès agira sur le glucose ou le sucre interverti, en formant des composés colorés ou bruns, qui communiqueront au liquide une teinte jaune paille d'abord, puis, en continuant, une teinte jaune ambré, puis jaune de gomme-gutte, puis jaune de plus en plus foncé.

« Cette teinte jaune se distingue très-nettement en regardant le tube

PHASES de L'OPÉRATION.	CARACTÈRES FONDAMENTAUX.		CARACTÈRES SECONDAIRES.	
	PRÉCIPITATION A LA SURFACE DU LIQUIDE CHAUD ET CLAIR.	COLORATION A LA SURFACE DU LIQUIDE CHAUD ET CLAIR.	COULEUR DE LA MASSE EN PLEINE ÉBULLITION.	COULEUR DU LIQUIDE QUI SURNAGE LE DÉPOT.
Commencement. .	Précipité jaune, puis orangé, puis rouge.		Bleu foncé violet.	Bleu foncé.
Vers le milieu . .	Précipité rouge orange.	Mêmes nuances que celles du liquide entier, comme il est dit à la cinquième colonne.	Violet rougeâtre.	Bleu clair.
Vers la fin. . . .	— — très-sensible.		Rouge brique.	Bleu très-clair.
— . . .	— — —		Rouge franc.	Bleu très-pâle.
— . . .	Nuage léger.		Rouge vif.	Bleu à peine sensible.
Fin.	Dernier nuage à peine sensible.		Beau rouge clair.	Incolore.
Au delà de la fin .	Absence de précipité.	Zone transparente ambrée.	—	Jaune paille.
—	—	— couleur plus foncée.	—	Ambrée.
—	—	— couleur de gomme-gutte.	Rouge clair un peu jaune.	Plus foncée.
—	—	— jaune foncé brun.	Rouge un peu brun.	Jaune de gutte.
	La mousse du liquide en ébullition, d'abord bleuâtre, devient incolore à la fin de l'opération, puis jaune et jaune brun quand la précipitation est dépassée. Alors le liquide exhale une odeur de sucre brûlé.			

légèrement incliné au-dessus d'un papier blanc, de telle sorte que le rayon visuel passe par les bords de la section elliptique faite par la surface liquide.

« Ces deux séries d'opérations permettent de comprendre le terme de l'analyse entre deux limites, l'une correspondante à la formation du précipité nuageux à la surface, l'autre à la production d'une nuance jaune clair à la partie supérieure qui, se répandant dans la masse, la colore également sans altérer sa transparence. La lecture des divisions de la burette graduée correspondantes à ces deux limites permettra d'arriver à un dosage qui ne le cèdera en rien à aucun autre fait par des méthodes différentes. La moyenne des deux lectures fournira le nombre exact de divisions correspondant au terme de l'analyse.

« Dans aucun cas, il ne faut juger des nuances en interposant le tube entre l'œil et la lumière du jour; il faut se placer dans un endroit bien éclairé, en face de murs blancs, autant que possible. On évite ainsi des colorations étrangères dues à des effets de réfraction. Souvent on distingue mieux le précipité formé à la surface, en regardant à faux le tube placé un peu de côté et au-dessous de l'œil. Du reste, après quelques tâtonnements, chaque observateur ne manquera pas de trouver les conditions qui lui sont le plus favorables.

« L'opération étant terminée, on lave le tube à l'eau d'abord, en le tenant avec la pince en bois, puis à l'acide chlorhydrique faible, qui dissout facilement la portion de précipité rouge d'oxyde cuivreux adhérente aux parois dans la partie où le liquide a bouilli. On rince ensuite le tube à grande eau, intérieurement et extérieurement, puis enfin à l'eau distillée, car il importe de conserver une grande transparence à ses parois.

« Quand on a plusieurs essais à faire, il convient, après avoir décanté le liquide sucré de la burette, de rincer cette dernière avec la liqueur sucrée que l'on va essayer, plutôt qu'avec de l'eau; on évite ainsi de laver et de sécher la burette après chaque dosage.

VÉRIFICATION DE LA LIQUEUR NORMALE CUIVRIQUE

« Si la liqueur normale cuivrique est préparée avec les soins que j'ai indiqués, il est inutile d'en faire la vérification.

« Cependant il peut se présenter certaines circonstances où cette épreuve est nécessaire : comme les commençants trouveront là un excellent contrôle de leur mode d'opérer, je crois devoir indiquer comment on peut s'assurer que la liqueur normale a été bien préparée.

« On dessèche à la température de 100° du sucre candi pur parfaitement blanc, et réduit en poudre dans un mortier en porcelaine. A l'aide d'une balance sensible, on pèse 1 gramme de cette poudre que l'on introduit dans une fiole à fond plat, jaugée à 200 centimètres cubes. On ajoute environ 100 centimètres cubes d'eau distillée, 2 grammes d'acide sulfurique pur et concentré et l'on porte la liqueur à l'ébullition à feu nu, pendant quinze à vingt minutes, ou mieux, on chauffe au bain-marie à la température de 100° pendant une demi-heure. On retire alors la fiole du feu, on la laisse refroidir à l'air ou au besoin dans l'eau de puits, et lorsque sa température est descendue à 15°, on complète par addition d'eau distillée le volume de 200 centimètres cubes, en ayant soin que le plan horizontal du cercle tracé sur le col de la fiole vienne affleurer tangentiellement la partie inférieure du ménisque du liquide. En plaçant la paume de la main sur l'ouverture de la fiole, on retourne celle-ci pour mélanger les liquides et l'on cesse d'agiter lorsque les stries ont disparu.

« En versant cette liqueur au moyen de la burette graduée dans 10 centimètres cubes de liqueur normale bouillante, comme il a été expliqué, on reconnaîtra, si la liqueur a été bien préparée, qu'il faut employer exactement 10 centimètres cubes de liquide sucré pour précipiter tout le cuivre des 10 centimètres cubes de liqueur normale cuivrique.

« Cette liqueur normale sucrée se conserve longtemps sans moisissures; on peut en préparer un litre à la fois en introduisant dans la carafe jaugée d'un litre 5 grammes de sucre candi pur et sec, 800 centimètres cubes d'eau environ et 10 grammes d'acide sulfurique à 66° Beaumé, et terminant l'opération comme on l'a fait en se servant de la fiole de 200 centimètres cubes.

« En opérant comme il vient d'être dit, à plusieurs reprises différentes, j'ai toujours trouvé qu'il fallait exactement 10 centimètres cubes de liqueur sucrée pour précipiter tout le cuivre de 10 centimètres cubes de la liqueur cuivrique qui, par conséquent, correspondent rigoureusement à $0^{g},5$ de sucre de cannes.

« Après plus d'une année, les deux liqueurs ont donné exactement le même résultat; on peut donc admettre que leur composition n'a pas varié pendant ce laps de temps et probablement se seraient-elles conservées intactes plus longtemps encore.

« L'emploi d'une liqueur acide normale, contenant 100 grammes d'acide sulfurique monohydraté SO^3, HO par litre, permet d'obtenir commodément une quantité déterminée d'acide sulfurique sans avoir recours aux pesées. Il suffit de prendre, à l'aide d'une pipette jaugée, 10 centimètres cubes de liquide pour avoir 1 gramme d'acide sulfurique concentré, quantité ordinairement employée pour produire l'inversion dans les essais. »

TITRAGE DE LA LIQUEUR CUIVRIQUE PAR LE PROCÉDÉ DE M. WEIL

On a vu que 171gr de sucre réduisent 317gr de cuivre. Cette proportion est sensiblement constante pour la liqueur Felhing, préparée comme il a été dit.

On peut donc appliquer cette donnée au titrage direct de la liqueur cuivrique, en dosant la quantité de cuivre contenue dans 10cc de solution.

DOSAGE DU CUIVRE PAR LE PROCÉDÉ DE M. WEIL [1]

« Les principes qui servent de bases à mon procédé sont :

« 1° En présence d'un excès d'acide chlorhydrique libre et à l'ébullition, les moindres traces de bichlorure de cuivre sont décélées par la couleur verdâtre de la solution.

« Plus l'acide chlorhydrique libre prédomine, plus la couleur du liquide est prononcée ;

« 2° Les solutions aqueuses des sels d'oxyde de cuivre, additionnées d'acide chlorhydrique, sont instantanément réduites à l'ébullition par le protochlorure d'étain, à l'état de solutions complétement incolores de protochlorure de cuivre.

« La formule de la réaction est :

$$2CuCl + SnCl = Cu^2Cl + SnCl^2.$$

« Au moment où, grâce à l'addition du chlorure d'étain, la couleur verte du bichlorure de cuivre a tout à fait disparu et que la solution est devenue tout à fait incolore, la réaction est terminée. La totalité du bichlorure de cuivre est alors transformée en protochlorure de cuivre incolore, et celle du protochlorure d'étain en bichlorure également incolore.

« Une seule goutte de la solution de protochlorure d'étain ajoutée en excès peut être décélée avec facilité dans la dissolution dont il s'agit, au moyen d'une goutte de bichlorure de mercure, qui l'accuse par le précipité blanc de calomel qu'elle produit dans ces circonstances.

« Le volume d'une solution de protochlorure d'étain exactement titrée, nécessaire pour la décoloration complète de la solution verte de cuivre, portée à l'ébullition, indique par conséquent la quantité de cuivre contenue dans la solution, en suivant exactement le mode d'exécution du titrage décrit ci-dessous.

1. Extrait des *Annales de physique et de chimie*.

« La fin de la réaction est caractérisée très-rigoureusement par le point de décoloration du liquide. Néanmoins pour se mettre à l'abri de toute erreur, on peut déterminer la fin de la réaction selon la méthode développée également plus bas, au moyen du bichlorure de mercure.

1° PRÉPARATION ET CONSERVATION DE LA LIQUEUR DE PROTOCHLORURE D'ÉTAIN

« On dissout à peu près 6 grammes d'étain pur sous forme de feuilles dans un grand excès, environ 250 centimètres cubes, d'acide chlorhydrique pur. La dissolution se fait d'après le procédé connu, à l'ébullition, et après l'addition d'un gros fil de platine. Puis avec de l'eau distillée bouillie, on complète au litre la solution du protochlorure d'étain ainsi obtenue, et on la conserve dans un flacon en verre à large col sous une couche de pétrole. Le flacon est muni d'un siphon en verre avec pince de Mohr pour faire écouler, d'un tube à air et d'un tube à entonnoir pour remplir.

« Quoique ces précautions suffisent pour conserver le protochlorure d'étain pendant une journée environ à l'abri de l'oxydation, le titre de la solution doit néanmoins être déterminé à nouveau avant chaque série d'expériences. Cette opération n'exige d'ailleurs que quelques minutes et rend, à vrai dire, tout à fait superflue la conservation sous le pétrole ou dans une atmosphère d'hydrogène ou d'acide carbonique. Un flacon bien bouché suffit dans ce cas[1].

« On peut aussi préparer la solution d'étain en dissolvant environ 16 à 20 grammes de protochlorure d'étain cristallisé dans de l'eau acidulée d'acide chlorhydrique. La solution ainsi obtenue, après avoir été rendue limpide par filtration, est complétée au litre par l'addition d'eau distillée bouillie, et d'environ 250 centimètres cubes d'acide chlorhydrique pur.

2° DÉTERMINATION DU TITRE DE LA SOLUTION DE PROTOCHLORURE D'ÉTAIN

« Du sulfate de cuivre cristallisé et chimiquement pur et pulvérisé est desséché par pression entre des feuilles de papier buvard. On pèse exactement $7^{g},867 = 2$ grammes de cuivre pur.

« On dissout dans l'eau distillée et l'on complète avec de l'eau jusqu'à la marque de 500 centimètres cubes.

1. Le protochlorure d'étain conservé dans un flacon bouché et en présence d'un fragment d'étain ne subit que de très-faibles variations.

« La dissolution normale de cuivre ainsi obtenue et bien mélangée est conservée dans un flacon en verre bien bouché.

« A l'aide d'une pipette, on introduit alors 25 centimètres cubes de cette solution de cuivre = 0g,1 de cuivre pur dans un matras en verre blanc, jaugeant environ 100 centimètres cubes. On ajoute 10 centimètres cubes d'acide chlorhydrique concentré et pur, ce qui fait virer la dissolution bleue au vert intense, et l'on porte le tout à l'ébullition sur un petit bain de sable ou une plaquette de tôle mince [1]. On remplit ensuite une burette divisée en dixièmes de centimètre cube jusqu'au zéro avec la dissolution d'étain, et l'on verse celle-ci rapidement dans la dissolution bouillante de cuivre, jusqu'à ce que la couleur verte ait presque entièrement disparu; puis on ajoute goutte à goutte du protochlorure d'étain, jusqu'à ce que la liqueur soit incolore comme l'eau distillée. Aussitôt que ce point est atteint, on fait encore passer 5 ou mieux 10 centimètres cubes d'acide chlorhydrique pur dans le matras, et, dans le cas où cette addition ferait naître une très-légère coloration, on ajouterait de nouveau, goutte à goutte, du protochlorure d'étain jusqu'à décoloration complète.

« Le volume de protochlorure d'étain employé est alors noté.

« On peut d'ailleurs se convaincre que la fin de la réaction est réellement atteinte, ce qui est nécessaire lorsqu'on ajoute seulement 10 centimètres cubes, et non pas dans le cas où l'on ajoute 20 centimètres cubes d'acide chlorhydrique. A cet effet, on introduit 1 centimètre cube de la solution incolore dans un tube à réaction fermé d'un bout, on en refroidit le contenu dans l'eau fraîche et l'on y fait tomber quelques gouttes d'une dissolution aqueuse et concentrée de bichlorure de mercure. On agite, et, dans le cas où aucun trouble sensible n'en résulte, on verse encore une goutte de protochlorure d'étain dans la solution bouillante de cuivre renfermée dans le matras.

« On essaye de nouveau avec le bichlorure de mercure et aussitôt qu'un essai se trouble sensiblement, on note le volume de la liqueur de protochlorure d'étain employée et l'on en déduit 1/2 dixième de centimètre cube. »

1. L'acide pur du commerce renferme fréquemment du chlore. Pour le reconnaître on introduit 10 centimètres cubes d'acide dans un tube bouché, et on ajoute deux à trois gouttes de solution étendue de sulfate d'indigo, de manière à donner à la liqueur une légère teinte bleue. Faire bouillir jusqu'à réduction des 3/4 du volume primitif. En ramenant ensuite à 10 centimètres cubes avec l'eau distillée, la teinte bleue n'est pas modifiée si l'acide est exempt de chlore. Dans le cas contraire il y a décoloration. On peut se débarrasser du chlore en faisant bouillir pendant une demi-heure environ l'acide étendu de 15 à 20 pour 100 d'eau.

P. C. et H. P.

APPLICATION DE CETTE MÉTHODE AU TITRAGE DE LA LIQUEUR DE FELHING

Prendre 10 centimètres cubes de liqueur de cuivre, ajouter 20 centimètres cubes d'acide chlorhydrique pur, etc.

Soit 10 centimètres cubes de liqueur cuivrique contenant cuivre 0,0927.

$$\text{On aura } \frac{317 \text{ cuivre}}{171 \text{ sucre}} = \frac{0,0927}{x}; \quad \text{d'où } x = 0^{g},05 \text{ sucre}$$ [1].

ESSAIS DES JUS DE BETTERAVES PAR LA LIQUEUR DE FELHING [2]

« La détermination de la richesse saccharine d'un jus de betterave est une opération aussi simple que rapide, et en même temps d'une exactitude irréprochable.

« On prélève, à l'aide d'une pipette jaugée, 10 centimètres cubes de jus que l'on introduit dans une fiole graduée de 100 centimètres cubes avec 10 centimètres cubes de liqueur acide normale et environ 50 centimètres cubes d'eau. On porte le liquide à l'ébullition, en évitant que la flamme ne touche les parois du vase, et aussitôt que le liquide a commencé à bouillir, on modère la flamme et l'on maintient le liquide à la température d'environ 100° pendant 15 à 20 minutes [3]; ce temps est plus que suffisant pour transformer tout le sucre du jus en sucre interverti (mélange de glucose et de lévulose). On retire la fiole du feu, on la laisse refroidir à l'air ou bien on active l'opération en plongeant la fiole dans l'eau froide, et quand la température est revenue à 15°, on complète le volume de 100 centimètres cubes.

« On mélange le liquide par retournement de la fiole et on filtre sur un filtre et sur un entonnoir secs, en recevant la liqueur dans un flacon également sec.

« A l'aide de la burette saccharimétrique, on verse goutte à goutte le liquide clair dans 10 centimètres cubes de liqueur cuivrique maintenue à l'ébullition dans un tube de verre, en suivant les prescriptions indiquées. Quand la réduction de la liqueur cuivrique est complète, on note le volume de liquide sucré employé.

« Supposons, par exemple, qu'il ait fallu employer 4 centimètres cubes

1. On peut aussi employer 10 centimètres cubes de jus étendu après inversion dans 250 centimètres cubes de liqueur et titrant comme il est dit, p. 12.

2. Extrait de l'ouvrage de M. Viollette.

3. 2 à 3 minutes. P. C. et H. P.

de liquide sucré pour opérer la réduction de 10 centimètres cubes de liqueur cuivrique correspondant à 0g,05 de sucre de cannes. Cela signifie que les 4 centimètres cubes employés contiennent une quantité de glucose et de lévulose provenant de 0g,05 de sucre de cannes; les 100 centimètres cubes contiennent donc une quantité de ces matières sucrées provenant de $\frac{0^{gr},05 \times 100}{4} = 1^{g},250$ de sucre de cannes. Cette même quantité est précisément celle qui est contenue dans les 10 centimètres cubes de jus de betterave sur lesquels on a opéré. Dans les 100 centimètres cubes de jus, il y aura donc 12g,50 de sucre, ou, en d'autres termes, dans 1 hectolitre de jus il y aurait 12k,50 de sucre.

DÉTERMINATION DE LA RICHESSE SACCHARINE DE LA BETTERAVE PAR LA LIQUEUR DE FELHING

« A l'aide d'une petite sonde en acier à bords coupants, on détache un cylindre de matière du côté du collet, sensiblement au quart de la longueur de la betterave, comptée depuis le collet jusqu'à la partie où la racine se rétrécit rapidement vers son autre extrémité. On peut prendre l'échantillon soit perpendiculairement, soit obliquement à l'axe de la betterave, pourvu que la sonde rencontre l'axe au quart de la longueur telle que je viens de l'indiquer : on verra plus loin que la richesse saccharine de cet échantillon représente très-sensiblement la richesse moyenne de la betterave[1].

« Après avoir enlevé l'épiderme, on coupe le petit cylindre de betterave en lanières fines dans le sens de sa longueur, jusqu'à concurrence de près de 10 grammes. Avant de terminer définitivement la pesée, on découpe les lanières sur un plan de verre dépoli et on les réunit dans un verre de montre placé dans le plateau de la balance où se fait la pesée, que l'on termine alors très-exactement. On introduit, à l'aide d'une petite pince en fer, les 10 grammes de morceaux de betterave[2] dans une fiole de 100 centimètres cubes; on ajoute

1. Les indications de M. Viollette pour la prise d'échantillons ne s'appliquent pas aux betteraves fourchues. Dans ce cas on coupe les betteraves en tranches par des plans passant par l'axe et dirigés suivant plusieurs directions : faire un échantillon commun, et hacher en menus morceaux.

P.C et H.P.

2. Si l'on avait intérêt à ménager le tissu de la betterave, ce qui peut arriver dans les cas où l'on veut déterminer la richesse saccharine des porte-graines, on se contenterait d'un poids de 5 grammes que l'on introduirait avec 5 centimètres cubes d'acide et 25 centimètres cubes d'eau dans une fiole de 50 centimètres cubes. L'opération se termine comme dans le cas où l'on traite 10 grammes de racine dans une fiole de 100 centimètres cubes.

10 centimètres cubes de liqueur acide normale, environ 40 centimètres cubes d'eau distillée et l'on porte à l'ébullition, en préservant les parois de la fiole du contact direct de la flamme.

« L'opération demande à être surveillée dès le début ; car il se produit une mousse très-abondante aux premières bulles de vapeur et le liquide peut être entraîné au dehors. Cet inconvénient n'est point à craindre si l'on a soin de diminuer la flamme dès que l'ébullition commence. Peu après, l'opération marche régulièrement, les bulles se forment de préférence sur les morceaux de betteraves, qui ne tardent pas à cuire et à tomber au fond du vase en perdant leur couleur blanche pour prendre une certaine transparence qui indique que l'opération est terminée. Cet effet se produit après 15 ou 20 minutes d'ébullition, qui suffisent dans la plupart des cas.

« On retire la fiole du feu, on la laisse refroidir en la plongeant au besoin dans l'eau froide, et quand on juge que la température est de 15°, on achève de la remplir jusqu'au trait avec de l'eau distillée. On mélange la masse par retournement, on filtre dans un vase sec, et le liquide clair, à peine coloré, est versé à l'aide de la burette saccharimétrique dans 10 centimètres cubes de liqueur cuivrique en ébullition, en suivant les prescriptions indiquées pour le cas où l'on a affaire à du sucre pur.

« Le nombre de divisions de la burette qu'il a fallu employer pour précipiter tout le cuivre de la liqueur cuivrique permet de connaître la quantité de sucre que 100 kilogrammes de betteraves renferment. En effet, le sucre de cannes qui existait dans la betterave a été interverti par l'action de l'acide, c'est-à-dire transformé en un mélange de glucose et de lévulose, qui occupe un volume de 100 centimètres cubes, car on verra bientôt que l'on peut ne pas tenir compte du volume occupé par les matières insolubles du tissu de la betterave. Dès lors, s'il a fallu, par exemple, 6 centimètres cubes de liquide sucré pour réduire les 10 centimètres cubes de liqueur cuivrique, c'est que ces 6 centimètres cubes de liquide contiennent une quantité de glucose et de lévulose provenant de 0g,05 de sucre de cannes, d'après la composition de la liqueur cuivrique que j'ai adoptée. Les 100 centimètres cubes de liquide provenant de 10 grammes de betteraves, contiennent donc une quantité de ces matières sucrées provenant des 100/6 de 0g,05, soit de 0g,833 de sucre de cannes. Ainsi, dans 10 grammes de betteraves, il y a 0g,833 de sucre de cannes; dans 100 grammes de betteraves il y en aurait donc 8g,33. »

Ce chiffre comporte une certaine erreur, négligeable dans tous les cas. En effet, la pulpe renferme :

Eau, sucre, sels, etc.

Si donc on a pris 10 grammes de pulpe, on devra retrancher des 100 centimètres cubes formés le volume occupé par les matières insolubles.

Supposons que la betterave soit formée de :

Jus (matières solubles)	96
Matières insolubles.	4
	100

Donc 10 grammes de betteraves contiennent $9^g,6$ de jus, soit $0^{cc},4$ [1] à retrancher des 100 centimètres cubes dans lesquels le sucre était renfermé. D'où : $100^{cc} - 0^{cc},4 = 99^{cc},6$ représentant le sucre total contenu dans 10 grammes de betteraves.

D'après l'essai précédent, 6^{cc} de liqueur sucrée $= 0^g,05$ sucre ;

Donc $99^{cc},6$ de liqueur sucrée $= x$; $x = \dfrac{99^{cc},6 \times 0^{gr},05}{6^{cc}} = 0^g,830$,

Et 100 grammes de betteraves	$= 8^g,30$	sucre,
Au lieu de	$8^g,33$	—
Différence.	$0^g,03$	—

L'erreur est donc égale aux 4/100 du chiffre primitif, car $0^{gr},03 = \dfrac{4 \times 8,33}{100}$. [2]

DOSAGE DU SUCRE PAR LA LIQUEUR DE FELHING ET LE PROCÉDÉ DE M. WEIL

On a déjà vu précédemment qu'on peut titrer directement la liqueur de Felhing par le protochlorure d'étain.

Le même procédé conduit aussi au titrage du sucre contenu dans une solution.

On fait réagir une certaine quantité de la solution sucrée qu'il s'agit de titrer, sur un volume déterminé de la liqueur de Felhing, mais en ajoutant un excès de cette dernière, de sorte que le mélange reste coloré en bleu après la fin de la réaction.

On fait chauffer au bain-marie et l'opération est terminée quand le liquide bleu a atteint la température de 92 à 95° : on ajoute rapidement un grand excès d'acide chlorhydrique pur (20 à 25 centimètres cubes), qui redissout l'oxydule de cuivre en formant du protochlorure de cuivre incolore. La coloration verdâtre de la liqueur ne correspond donc qu'à la quantité de cuivre provenant de l'excès de solution cuivrique trans-

1. En admettant que la densité des matières insolubles soit sensiblement celle de l'eau.

2. Cette erreur est beaucoup moindre en opérant d'après les indications de M. Viollette. Voir sa brochure, p. 48.

formée en bichlorure. On titre par le chlorure d'étain, comme il a été dit précédemment et on déduit la quantité de sucre correspondante.

Exemple : Soit 10 centimètres cubes de jus de presse, eau 200 centimètres cubes environ, acide chlorhydrique 1 centimètre cube; faire un volume total de 250 centimètres cubes; prendre 10 centimètres cubes du mélange et ajouter même volume de liqueur Felhing correspondant à chlorure d'étain $16^{cc},9$, et à sucre $0^{g},05$.

Après réduction, soit protochlorure d'étain employé $6^{cc},4$;

$$16^{cc},9 - 6^{cc},4 = 10^{cc},5. \quad \frac{16^{cc},5}{0^{g},05} = \frac{10^{cc},5}{x} \; ; \; x = 0^{g},031 \text{ sucre.}$$

$$\frac{10^{cc}}{0^{g},031} = \frac{250^{cc}}{x}; \; x = 0^{g},775, \text{ soit } 100^{cc} \text{ jus} = 7^{g},75 \text{ sucre.}$$

Si la densité du jus était 1,050 on aurait $\frac{7^{g},75}{1,050} = 7^{g},38$ sucre pour 100 grammes de jus.

EMPLOI DE L'ACÉTATE TRIBASIQUE DE PLOMB

Quand les liqueurs sucrées sont colorées en jaune, ce qui est fréquent, il est nécessaire pour employer ce procédé de les décolorer par l'acétate de plomb ; sans cette précaution, on ne peut apprécier la fin du dosage. On doit ensuite enlever l'excès de plomb, qui présente plusieurs inconvénients.

1° On a reconnu, en effet, que le titre de la liqueur cuivrique, c'est-à-dire la proportion de cuivre réduit par un même poids de sucre, n'est pas le même en présence du plomb;

2° Dans les liqueurs traitées par l'acétate de plomb avec addition de sulfate de soude pour enlever l'excès, et filtrées, il existe encore du plomb (par suite de la solubilité du sulfate de plomb précipité).

Pour séparer le plomb on peut employer le sulfate de soude en excès et ajouter une petite quantité de carbonate de soude qui précipite le sulfate de plomb dissous. En remplaçant le sulfate de soude par le carbonate, on risquerait d'en mettre un excès et par contre de saturer une partie de l'acide chlorhydrique qu'on ajoute ultérieurement à la liqueur bleue.

Dans ces conditions, la solubilité du sulfate de plomb est d'environ $0^{g},033$ pour 100 centimètres cnbes : on emploiera donc 25 centimètres cubes de solution de carbonate de soude cristallisé ($NaO, CO^2, 10HO$. 10 grammes par litre), pour le volume total de 250 centimètres cubes dans l'exemple précédent.

Quand on emploie la liqueur de Felhing modifiée par M. Possoz (voir ci-après), on se contente de précipiter l'excès de plomb par le sulfate de soude, le sulfate de plomb qui reste en dissolution étant sans action sur le titrage.

DOSAGE DU SUCRE PAR LA LIQUEUR DE M. POSSOZ ET LE PROTOCHLORURE D'ÉTAIN

On doit à M. Possoz une modification importante de la liqueur de Felhing, pour le dosage du glucose, en présence du sucre prismatique. On sait que le sucre $C^{12} H^{11} O^{11}$, sous l'influence de la soude contenue dans la liqueur ordinaire, est en partie modifié à l'ébullition et réduit le tartrate cupropotassique. M. Possoz, en transformant en carbonate la soude caustique, évite d'une manière complète cette réaction secondaire. (Voir l'application au dosage du sucre, page 31).

PRÉPARATION ET TIRAGE DE LA LIQUEUR DE M. POSSOZ

(Extrait d'une note remise par M. Possoz à l'Académie des sciences, le 23 février 1874.)

On dissout 300 grammes de sel de Seignette (tartrate double de potasse et de soude) dans 300 grammes d'eau distillée, puis on ajoute : 100 grammes de lessive de soude caustique à 36° B. (D = 1326). [1]

D'autre part, on fait dissoudre 40 grammes de sulfate de cuivre pur dans 100 grammes d'eau distillée.

On verse la deuxième solution dans la première, on agite, et on introduit le mélange dans un matras avec addition de 150 grammes de bicarbonate de soude [2].

On porte à l'ébullition jusqu'à cessation de dégagement d'acide carbonique (environ une heure), puis on laisse refroidir, en ajoutant assez d'eau pour former un volume de 2 litres. On laisse déposer pendant au moins six mois [3]. Après ce temps, la liqueur a laissé déposer un peu de carbonate et d'oxyde de cuivre. On l'étend alors d'eau distillée en quantité suffisante pour que $0^g,1$ de sucre prismatique pur, après inversion, précipite par exemple le cuivre contenu dans 30 centimètres cubes de liqueur. Cette dernière se conserve stable à l'abri de la lumière solaire.

La quantité de cuivre précipitée par un poids donné de sucre interverti n'est pas la même avec la liqueur de M. Possoz qu'avec la liqueur de Felhing,

1. Ou : NaO, 32 grammes. HO, 68 grammes.
2. Dans les proportions précédentes, on peut, pour obtenir une liqueur plus concentrée, augmenter le poids du sulfate de cuivre jusqu'au double environ du chiffre indiqué.
3. On peut, sans erreur appréciable, employer immédiatement cette liqueur, sauf vérification.

il est donc nécessaire de titrer directement au moyen d'une solution de sucre pur interverti[1].

D'après M. Possoz :

On prend 20^{cc} de la liqueur carbonatée dont on détermine la teneur en cuivre par le protochlorure d'étain ; soit $16^{cc},9$ correspondant à $0^{g},1827$ de cuivre pur.

Après réduction de 20 centimètres cubes de cette liqueur par 3 centimètres cubes d'une solution de sucre, correspondant à sucre $0^{g},03$ (1 gramme sucre dissous dans 100 centimètres cubes d'eau), supposons qu'on ait trouvé $6^{cc}76$, soit $16^{cc},9 - 6^{cc},76 = 10^{cc},14$ de protochlorure d'étain, et $10^{cc},14$ de protochlorure d'étain $= 0^{g},10962$ de cuivre ou $0^{g},03$ de sucre.

Comme 20^{cc} de liqueur saccharimétrique correspondent à $0^{g},1827$ cuivre pur, on aura :

$$\frac{0^{g},1827 \text{ cuivre pur}}{20^{cc} \text{ liqueur saccharimétrique}} = \frac{0^{g},10962 \text{ cuivre pur}}{x}; \quad x = 12^{cc}.$$

Et par suite : $\dfrac{12^{cc}}{0^{g},03} = \dfrac{10^{cc}}{x}$; et $x = 0^{g},025$ sucre, titre de la liqueur.

On peut aussi établir ce titre de la manière suivante :

D'après ce qui précède, on a :

$$\frac{0^{g},10962 \text{ cuivre}}{0^{g},03 \text{ sucre}} = \frac{0^{g},1827 \text{ cuivre}}{x}; \quad x = 0^{g},05 \text{ sucre},$$

$$\text{et } \frac{20^{cc} \text{ liqueur Possoz}}{0^{g},05 \text{ sucre}} = \frac{10^{cc} \text{ liqueur Possoz}}{x}; \quad x = 0^{g},025 \text{ sucre}.$$

M. Possoz opère à des températures inférieures à l'ébullition ; la liqueur bleue en excès mélangée à la solution sucrée est maintenue au bain-marie vers 70°, au moins pendant une heure.

PRÉPARATION DU SUCRE PUR POUR LE TITRAGE DES LIQUEURS SACCHARIMÉTRIQUES.

M. Possoz prépare le sucre pur en faisant dissoudre dans l'eau distillée, alcalinisée par l'ammoniaque pure du sucre en grain ou raffiné, solution bouillant à 110°. Enlever les matières qui surnagent et faire cristalliser. Laver avec

1. On a reconnu que, dans l'emploi de la liqueur de M. Possoz, préparée suivant ses indications, la proportion de cuivre précipitée par un poids connu de glucose est constante et correspond à 180 grammes de glucose pour 513 de cuivre. Connaissant la teneur en cuivre, dosé directement par le protochlorure d'étain, on en déduira le poids de glucose correspondant en multipliant par le coefficient $0,350 = \frac{180}{513}$

P.C et H.P.

alcool à 90° et faire sécher. Enfin dissoudre dans l'eau, précipiter par 3 volumes d'alcool à 95°, et laver à l'alcool.

Un procédé plus rapide que celui de M. Possoz, est le suivant. On dissout dans l'eau du sucre raffiné. La solution filtrée est évaporée et cuite au filet léger : on introduit le sirop dans un excès d'alcool à 95° que l'on porte à l'ébullition pendant 1/4 d'heure. L'alcool s'empare de l'eau qui dissout le sucre et précipite ce dernier sous forme de flocons qui s'agglomèrent et se réunissent rapidement en cristaux.

On filtre et on lave à l'alcool froid; faire sécher à l'air ou à très-basse température.

APPLICATION DE LA LIQUEUR DE M. POSSOZ ET DU RÉACTIF DE M. WEIL AU DOSAGE DU SUCRE DANS LES JUS SUCRÉS

On suit la même méthode que pour l'emploi du réactif de M. Weil avec la liqueur de Felhing, mais il faut tenir compte que la réduction du cuivre dans la liqueur carbonatée de M. Possoz est plus lente qu'avec la liqueur bleue ordinaire. M. Possoz conseille de chauffer au bain-marie pendant une heure environ à 70°.

M. Possoz emploie :

Jus : 10 centimètres cubes.

Acide chlorhydrique à 30 pour 100 d'acide : 10 centimètres cubes.

Eau : 50 centimètres cubes.

Quand la réaction est terminée, on laisse refroidir et on décolore par l'acétate de plomb tribasique, dont l'excès est précipité par le sulfate de soude.

Faire un volume total de 100 centimètres cubes.

Prendre 100 centimètres cubes de liqueur de M. Possoz et 10 centimètres cubes de solution sucrée. Titrer comme précédemment.

DOSAGE DU SUCRE DANS LES BETTERAVES SAINES

On suivra les indications de M. Viollette pour la prise d'échantillon (voir page 23) et on titrera par le procédé ordinaire ou à l'aide du protochlorure d'étain.

On peut aussi employer la liqueur de M. Possoz, en suivant les notes de l'auteur.

Prendre 100 grammes de betteraves hachées; mettre au bain-marie une heure avec 500 grammes d'eau, et acide chlorhydrique (à 30 pour 100) 15 centimètres cubes; après refroidissement ajouter de l'acétate de plomb et du sulfate de soude en excès, porter le volume total à un litre, filtrer.

Liqueur de M. Possoz 100 centimètres cubes, solution sucrée 10 centimètres cubes. Titrer par le protochlorure d'étain.

Exemple : Soit 100 centimètres cubes de liqueur bleue, correspondant à sucre $0^{g},25$ et à protochlorure d'étain 153 centimètres cubes.

Après addition de 10 centimètres cubes de liquide sucré et réduction, on a eu : protochlorure d'étain $83^{cc},5$.

$$153^{cc} - 83^{cc},5 = 79^{cc},5.$$

$$\frac{153^{cc}}{0^{g},25} = \frac{79^{cc},5}{x}; \quad x = 0^{g},1298 \text{ sucre.}$$

$$\text{Si } \frac{10^{cc} \text{ liqueur sucrée}}{0,^{g}1298 \text{ sucre}} = \frac{1000^{cc}}{x}; \; x = \text{sucre } 12^{g},98 \text{ p. } 100 \text{ de betteraves.}$$

DOSAGE DU SUCRE EN PRÉSENCE DU GLUCOSE DANS LES JUS DE BETTERAVES ALTÉRÉES

1° PAR LE SACCHARIMÈTRE EN DÉTRUISANT LE GLUCOSE

On a dit que la proportion de glucose dans les betteraves altérées pouvait atteindre environ $1^{g},5$ pour 100[1]. Dans ce cas, les indications du saccharimètre sont inexactes; on se débarrassera du glucose par la méthode suivante, due à M. Otto[2].

Prendre 100 centimètres cubes de jus, ajouter environ 1 centimètre cube d'une solution faible de soude caustique : la liqueur doit avoir une réaction alcaline; porter à l'ébullition; après refroidissement neutraliser exactement par l'acide acétique, ajouter acétate de plomb, faire un volume total de 250 centimètres cubes, filtrer et titrer. Dans ces conditions le glucose est modifié et précipité par le sel de plomb.

2° PAR LES LIQUEURS TITRÉES

On dose, après inversion, le glucose total et le glucose préexistant, par les procédés décrits pages 25 et 31.

DOSAGE DU SUCRE DANS LA BETTERAVE RAPÉE CONTENANT DU GLUCOSE

Traiter la pulpe râpée par l'un des procédés indiqués page 10.

Séparer le glucose par la méthode de M. Otto et titrer. On ne devra pas étendre la liqueur sucrée après l'attaque par la soude, parce que la dilution trop grande ne permettrait pas un dosage exact au saccharimètre.

1. On se tromperait en supposant que cette proportion de glucose correspond à la quantité de sucre prismatique disparu par l'altération, une partie de ce dernier subissant des modifications non déterminées.

2. Stammer, page 435.

DOSAGE DU SUCRE ET DU GLUCOSE PAR LA LIQUEUR DE M. POSSOZ (*)

Lorsque le glucose est en présence du sucre et qu'on veut titrer ces deux corps séparément, on ne peut plus employer le procédé indiqué précédemment pour le dosage du glucose.

En effet, le sucre non transformé se colore en jaune sous l'action de l'acide chlorhydrique en excès qu'on introduit dans la liqueur bleue, et cette coloration s'oppose au dosage.

M. H. Pellet a apporté dans ce cas une modification qui a pour but de doser directement le cuivre précipité sous forme d'oxydule, qu'on sépare de la liqueur.

Prendre 100 centimètres cubes de jus, ajouter acétate de plomb et sulfate de soude, faire un volume total de 250 centimètres cubes, filtrer.

Prendre 100 centimètres cubes de la liqueur, ajouter 10 centimètres cubes de liqueur de M. Possoz, mettre au bain-marie; après réduction, on recueille sur un filtre l'oxydule et on le lave; verser sur le filtre de l'eau acidulée par l'acide chlorhydrique. (En employant l'acide concentré, il pourrait y avoir attaque du papier et coloration ultérieure.)

L'oxydule se transforme en protochlorure de cuivre incolore; ajouter quelques milligrammes de chlorate de potasse ; étendre la liqueur et faire bouillir jusqu'à cessation de dégagement de chlore, ce qu'on reconnaît en disposant un tube coude sur le ballon pendant l'ébullition et en condensant les vapeurs dans une solution très-étendue de sulfate d'indigo. Le chlore aurait pour résultat de transformer une partie du protochlorure d'étain en bichlorure et changerait le titre.

Le cuivre est ainsi transformé en bichlorure; on introduit la solution dans un tube bouché (à dosage de glucose) : ajouter acide chlorhydrique pur et titrer par le chlorure d'étain.

Soit 20 centimètres cubes de liqueur d'étain employés ;

$$\text{On aura : } \frac{16^{cc},9}{0^{g},05 \text{ sucre}} = \frac{20^{cc}}{x};\ x = 0^{g},0591 \text{ sucre}$$

$$\text{Et } \frac{100^{cc}}{0^{g},0591} = \frac{250^{cc}}{x};\ x = 0^{g},14775 \text{ sucre.}$$

Donc les 100 centimètres cubes de jus employés contiennent un poids de glucose correspondant à $0^{g},147$ de sucre trouvé, soit $0^{g},154$ glucose, puisque 171 sucre = 180 glucose.

On dose ensuite à la fois le sucre et le glucose par la méthode indiquée page 22 ou 29. De la quantité de sucre trouvée, on déduit celle qui correspond au glucose.

Exemple : Soit un jus dans lequel on trouve directement (sucre et glucose dosés ensemble.)

Sucre : 8g,330.

Glucose dosé à part : 0g,154, correspondant à sucre : 0g,147.

D'où sucre primastique : 8g,183.

DOSAGE DE L'EAU DANS LA BETTERAVE

Découper en tranches minces 20 grammes de betteraves représentant un échantillon moyen, et mettre à l'étuve pendant plusieurs heures à la température de 100 à 105°. Deux pesées successives faites à une demi-heure d'intervalle doivent être identiques.

Rapporter le poids de l'eau à 100 grammes de betteraves.

DOSAGE DES CENDRES DANS LA BETTERAVE

Prendre la matière sèche provenant du dosage de l'eau. Calciner à la mouffle à basse température.

Le poids des cendres varie de 1 à 2g pour 100.

DOSAGE DU JUS DANS LA BETTERAVE POUR LE CHOIX DES PORTE-GRAINES[1]

On partage en deux par une coupe longitudinale une betterave lavée et séchée. L'une des moitiés sert à la détermination de l'eau ; couper en tranches minces et mettre à l'étuve. L'autre moitié est râpée et pressée, le jus est filtré sur une toile fine pour séparer la pulpe folle. On dose l'eau dans le jus par évaporation sur 10 à 20 grammes de jus.

Soit E proportion d'eau dans 100 grammes jus.

Soit e proportion d'eau dans 100 grammes betteraves.

Soit j quantité de jus dans 100 grammes.

$$\text{On déduit } j = \frac{e}{E} 100 \text{ [2]}.$$

Exemple : Soit E = 83g,5 et e = 80g,7,

$$\text{On aura : } j = \frac{80^{g},7}{83^{g},5} \times 100^{g} = 96^{g},6.$$

1. Extrait de Stammer, page 20.

2. En effet : 100 de jus contenant E d'eau,

j de jus ou 100 de betteraves, contiendra $\frac{E}{100} \times j = e$, d'où $j = \frac{E}{e} . 100$.

Soit résidu = 3g,4 pour 100 grammes de betteraves. Si 100 grammes de jus représentent 100g — 83g,5 = 16g,5 de matière sèche; 96,6 parties de jus ou 100 grammes de betteraves contiendront 15g,9 de substances dissoutes. On conçoit que, plus la betterave fournira de jus, meilleure elle sera.

Lorsqu'on détermine la richesse saccharine des betteraves, il est utile d'établir en même temps leur poids moyen, ces données réunies permettant d'estimer au point de vue de la culture le rendement par hectare et la qualité des diverses espèces.

CALCUL DE LA PROPORTION DE JUS RENFERMÉ DANS LES BETTERAVES CONNAISSANT LES ÉLÉMENTS QUI ONT SERVI A DÉTERMINER LA QUANTITÉ DE BETTERAVES TRAVAILLÉES ET L'EAU AJOUTÉE

Soit : hectolitres de jus 2200;
Richesse saccharine du jus, 8 pour 100;
Densité, 1.035;
Eau ajoutée à la râpe, hectol., 600;
Pulpe; 34500 kilog.;
Richesse saccharine de la pulpe, 8 pour 100.

1° 220000 lit. × 1.035 = 227700 kilos (jus étendu).
Eau ajoutée . . . . . 60000 kilos.
Différence. . . . 167700 kilos (jus directement extrait des betteraves).

2° 227700 kil. jus + 34500 kil. pulpe — 60000 kil. eau = 202200 kil. betteraves.

3° 2200 hect. jus à 8 pour 100 sucre = 17600 kil. sucre.
34500 kil. pulpe à 8 pour 100 sucre = 2760 kil. sucre.

4° Si 17600 kil. sucre dans le jus = 167700 kil. jus direct.
2760 kil. sucre dans la pulpe = 29290 kil. jus direct.
D'où jus total direct. 193990

$$\text{Si } \frac{202200^k \text{ betteraves}}{193990^k \text{ jus}} = \frac{100^k \text{ betteraves}}{x}$$

$$x = 95.9 \text{ pour } 100 \text{ de jus.}$$

ANALYSES DE BETTERAVES D'APRÈS MM. E. RIFFARD ET POINSOT

POIDS DE LA BETTERAVE.	SUCRE POUR 100.	ESPÈCES.
kil.	gr.	
2.280	8.5	Collet rose de cultivateur.
0.950	10.5	—
0.755	11.75	Collet rose de Vilmorin.
0.535	13.50	Vilmorin.
0.440	15.	—
0.240	18.	—

AUTRES ANALYSES[1]

BLANCHE COLLET ROSE.		BLANCHE COLLET VERT.		ROSE COLLET ROSE.	
Poids.	Sucre pour 100.	Poids.	Sucre pour 100.	Poids.	Sucre pour 100.
kil.	gr.	kil.	gr.	kil.	gr.
1.982	7.6	11.75	6.	0.990	8.74
0.870	10.5	1.100	9.2	0.580	11.22
0.810	10.5	1.005	9.4	0.525	12.30
0.800	10.3	0.855	10.7	»	»
0.750	12.1	0.845	10.3	»	»
0.685	12.5	0.815	10.3	»	»

De ces analyses on peut conclure en général que la richesse saccharine de la betterave est en raison inverse de son poids pour une même variété.

TABLEAU RÉSUMANT LA COMPOSITION DE BETTERAVES SAINES

Jus	Eau	84.00	95.8
	Sucre	11.00	
	Sels	0.80	
Matières organiques	Tissus, épiderme, etc.	3.3	4.2
	Sels	0.9	
			100.0

Les betteraves en silos s'altèrent plus ou moins pendant leur conservation. Gelées, elles doivent être rapidement soumises au râpage; dans le cas contraire, quand la température s'élève, les cellules gonflées et désagrégées par l'effet de la gélée ne tardent pas à fermenter.

ANALYSES DE BETTERAVES CONSERVÉES (MARS)

Saines	10g.80	Sucre pour 100.
Germées	9g.10	
Pourries	6g.00 [2]	

La partie totalement altérée contenait 1g,9 de sucre et 0g,6 de glucose.

On voit par cet exemple la décroissance de la richesse saccharine avec ces diverses altérations. Quant aux betteraves pourries, il est utile de les enlever avec soin; en effet :

1° Elles contiennent une faible proportion de sucre;

2° Elles apportent dans les jus des sels et surtout du glucose qui nuit à la fabrication, en colorant les produits et en diminuant le rendement;

3° Les jus chargés de matières altérées peuvent fermenter facilement.

1. P. C. et H. P.
2. Plus 1g,5 de glucose.

QUANTITÉS DE SELS ENLEVÉES A LA TERRE PAR LA CULTURE DE LA BETTERAVE

50000 kilos de betteraves à l'hectare emportent y compris les feuilles :

1° 200 à 300 kilos de potasse.
2° 40 à 60 » soude.
3° 50 à 60 » acide phosphorique.
4° 36 à 50 » chaux.
5° 25 à 40 » magnésie.
6° 12 à 15 » acide sulfurique.
7° 20 à 35 » chlore.
8° 50 à 60 » silice.

ANALYSES DE GRAINES DE BETTERAVES

NOMS.	EAU.	CENDRES.	AZOTE.
	gr.	gr.	
Blanche à sucre, collet gris . . .	12.	6.6	
Blanche Vilmorin	13.4	5.8	2.00 pour 100.
Blanche à sucre, collet rose . . .	12.6	6.3	
Blanche, collet vert.	11.1	7.4	
Blanche disette, collet vert . . .	12.	6.3	
Blanche allemande	11.4	6.4	
Globe jaune.	10.6	6.2	1.92

Une graine provenant de la récolte de M. Vilmorin, de 1863, a donné à l'analyse :

Eau	11g.10	pour 100.
Cendres.	6g.35	
Azote.	1g.70	

JUS

POIDS DU JUS

On obtient ce poids en multipliant le volume du jus par sa densité, qu'on détermine à l'aide du densimètre. Il est utile d'employer une large éprouvette, pour éviter l'effet de la capillarité sur les parois de l'instrument. On laisse reposer le jus pendant un temps suffisant pour que l'air retenu mécaniquement puisse s'échapper, ou bien on se débarrasse de cet air en chauffant le jus. Laisser refroidir ou noter la température. (Voir correction des densités page 5.)

DOSAGE DU SUCRE DANS LES JUS

(Voir précédemment, page 29.)

DOSAGE DES CENDRES DANS LES JUS

Évaporer et calciner environ 50 centimètres cubes de jus en présence de l'acide sulfurique et retrancher 2/10 du poids obtenu. (Voir au dosage des cendres dans la pulpe, page 40.)

Le poids des cendres varie en général de $0^g,7$ à $1^g,5$.

DOSAGE DE LA PULPE CONTENUE DANS LES JUS

Suivant l'état de la râpe, la nature des betteraves et le système de presse employée, les jus renferment des proportions variables de pulpe folle qu'il est utile de déterminer en raison de l'influence exercée par cette pulpe sur le rendement en sucre.

Dans ce but, on a proposé l'emploi de l'alcool (2 volumes jus + 1 volume alcool) qui précipite la pulpe, qu'on recueille sur un filtre taré. Cette précipitation est accompagnée de celle de matières albuminoïdes.

Le procédé suivant devra être préféré.

On verse lentement 100 ou 200 centimètres cubes de jus à essayer dans 2 litres d'eau. Par le repos, la pulpe se rassemble à la partie inférieure du récipient. Décanter et renouveler l'eau (1 litre), décanter de nouveau et ajouter alcool, filtrer sur filtre taré, sécher[1].

On dose ensuite l'eau dans la pulpe normale, d'où l'on déduit le poids de la matière sèche.

Soit : Matière sèche dans 100 grammes de pulpe normale = $28^g,00$
et : Matière sèche dans 100 centimètres cubes de jus = $1^g,55$

On aura : $\frac{28^g}{1^g,55} = \frac{100^g}{x}$; d'où $x = 5^g,53$ pulpe normale contenue dans 100^{cc} de jus.

1. On peut encore employer un tamis de soie très-fin (n° 120) et séparer mécaniquement la pulpe. Pour la pulpe dans un grand état de division, ce procédé n'est pas exact.

DE LA PULPE

POIDS DE LA PULPE

Ce chiffre doit être fourni par la comptabilité.

Dans le cas où la pulpe séjourne quelque temps dans les fabriques avant d'être enlevée, il est utile, comme vérification, de la cuber et de déterminer sa densité.

Le poids de la pulpe est une des données les plus importantes de la fabrication, dont elle permet de suivre la marche.

DOSAGE DU SUCRE DANS LES PULPES DE PRESSES HYDRAULIQUES ET DE MACÉRATION

En dehors de la richesse saccharine de la betterave, le mode de râpage, la pression et la proportion d'eau mise à la râpe, exercent une grande influence sur la teneur en sucre de la pulpe. On devra donc déterminer fréquemment ce chiffre, qui permet de se rendre compte de la quantité de sucre emportée par la pulpe. Cette analyse exige le plus grand soin.

Quel que soit le procédé employé, il est utile de le contrôler par une méthode différente.

(Voir, pour l'analyse des pulpes des presses hydrauliques ou des presses continues de première pression, à l'article Dosage du sucre dans les betteraves.) Les procédés de dosage sont semblables dans les deux cas. (Voir pages 9 et 10.)

Pour les pulpes de presses hydrauliques, généralement riches en sucre (6 à 10 grammes pour 100), le saccharimètre peut donner des résultats exacts ; avec les pulpes de presses continues, dont la teneur en sucre varie de 3 à 4 pour 100 environ, on n'obtient que des chiffres approchés.

Dans ce cas, on peut évaporer le jus rendu alcalin par l'eau de chaux jusqu'à concentration des 2/3 environ ; ou mieux employer les liqueurs titrées.

La méthode qui consiste à malaxer pendant quelques instants dans l'eau bouillante la pulpe renfermée dans un sac, conduit à des erreurs graves. L'eau enlève le jus adhérent à la pulpe et laisse intactes les cellules non déchirées par l'action de la râpe.

Pour doser le sucre dans les pulpes de macération ou de diffusion, on doit opérer sur un poids de matière plus considérable que dans les cas précédents, en raison de la faible quantité de sucre que ces pulpes contiennent.

Procédé Possoz. Prendre d'une part 100 grammes de pulpe que l'on traite par 15 centimètres cubes d'acide chlorhydrique à 30 pour 100 (densité 1,040); ajouter de l'eau et faire un poids total de 500 grammes. Chauffer au bain-marie bouillant pendant une demi-heure, remplacer l'eau évaporée et presser.

Prendre 50 grammes du jus obtenu, ajouter de l'acétate de plomb tribasique et du sulfate de soude, faire un volume total de 100 centimètres cubes et doser le sucre.

Soit sucre : $0^{g},07$.

D'autre part, on dose l'eau dans la pulpe sur 20 grammes, soit : eau 80 pour 100.

Le poids total de 500 grammes représente évidemment :

Eau.	80	grammes.
Matière sèche.	20	—
Eau ajoutée + acide chlorhydrique.	400	—
	500	—

Par conséquent, pour déduire du poids du sucre trouvé dans 50 grammes de liqueur sucrée le poids total de sucre contenu dans la pulpe, on devra rapporter $0^{g},07$ à 480 grammes d'eau représentant l'eau ajoutée et l'eau contenue dans la pulpe.

On aura donc : $\frac{50^{g}}{0^{g},07} = \frac{480^{g}}{x}$; $x = 0^{g},67$ pour 100^{g} de pulpe.

DOSAGE DU GLUCOSE DANS LES PULPES PROVENANT DE BETTERAVES ALTÉRÉES

Traiter la pulpe suivant le procédé B. (page 10.) Néanmoins la formation du glucose étant le résultat de l'altération des cellules, on peut employer le procédé qui consiste à épuiser par de l'eau chaude 50 grammes de pulpe renfermée dans un sac. Presser, décolorer par l'acétate tribasique de plomb, ajouter du sulfate et du carbonate de soude; faire un volume total de 250 centimètres cubes et titrer par le procédé (page 31).

Soit : 100^{cc} liqueur sucrée décolorée et 20^{cc} liqueur Possoz.

Protochlorure d'étain = av. $16^{cc},9$ = $0^{g},05$ sucre.

ap. $4^{cc},6$

Différence : $12^{cc},3$ = $0^{g},0364$ sucre.

D'où : 250^{cc} = 0^{g},091 de sucre contenu dans 50 grammes de pulpe ;

100 grammes de pulpe contiendront donc 0^{g},091 × 2 = 0^{g},182 sucre, correspondant à 0^{g},191 de glucose.

CALCUL DE LA RICHESSE SACCHARINE DE LA PULPE

Connaissant les éléments qui ont servi à déterminer la proportion d'eau à la râpe et la quantité de betteraves, on peut déduire la richesse saccharine de la pulpe.

Soit d'une part : betteraves travaillées en 24 heures, 200000 kilos.

Richesse saccharine moyenne, 11 pour 100.

D'où, sucre total dans les betteraves, 22000 kilos.

Soit d'un autre côté : hectolitres de jus, 2200.

Sucre pour 100 centimètres cubes de jus, 8^{g},50.

D'où sucre dans le jus, 18700 kilos.

On a :

Sucre total	22000 kilogr.
Moins le sucre contenu dans le jus	18700 —
Différence	3300 —

représentant le sucre resté dans la pulpe. En admettant 22 de pulpe pour 100 du poids de la betterave, on aura pour 200000 kilos de betteraves, 44000 kilos de pulpe.

D'où : $\frac{44000}{3300^{k}} = \frac{100^{k}}{x}$; $x = 7^{g},5$ de sucre pour 100^{g} de pulpe.

Essais à l'appui pour déterminer la sensibilité de cette méthode :

On a pris 150 grammes de pulpe de betteraves, contenant 10^{g},7 pour 100 de sucre.

Soit : sucre total 16^{g},05.

Eau ajoutée : 75 grammes.

Pulpe obtenue après pression : 68 grammes.

Jus 158^{cc}, dans lequel on a dosé directement le sucre, soit 9^{g},52.

16^{g},05 — 9^{g},52 = 6^{g},53, sucre resté dans la pulpe.

D'où : $\frac{68^{g} \text{ pulpe}}{6^{g},53 \text{ sucre}} = \frac{100^{g}}{x}$; $x = 9^{g},45$ pour 100 grammes de pulpe.

On a trouvé directement 9^{g},4.

DOSAGE DE L'EAU DANS LES PULPES

On fait sécher à l'étuve 10 à 20 grammes de pulpe jusqu'à ce que deux pesées, faites à une demi-heure d'intervalle, donnent le même résultat.

DOSAGE DES CENDRES DANS LES PULPES

Calciner à basse température la pulpe séchée qui a servi à doser l'eau ou humecter d'acide sulfurique pur et dans ce cas déduire 2/10 du poids des cendres :

Cette méthode est basée sur l'exemple et les considérations qui suivent.

Les sels alcalins, et principalement les chlorures, sont volatils à haute température, surtout pendant la combustion du charbon formé.

Exemple : 1° Dosage direct de cendres par simple calcination : cendres pour 100, ... 1g,37

2° Dosage par carbonisation, lessivage des cendres, nouvelle calcination, évaporation, etc.; dans ces conditions, les sels mis en liberté sont soustraits à l'action de la chaleur et ne peuvent être entraînés.

Cendres 1g,44

perte par calcination directe, = 1g,44 — 1g,37 = 0g,07.

3° En calcinant la même pulpe en présence de l'acide sulfurique.

Cendres. 1g,82

moins 2/10 = 1g,456 au lieu de 1g,44 trouvé directement.

Ce même coefficient 2/10 est applicable aux sucres, ainsi qu'on l'a vérifié par de nombreux essais, la nature des cendres étant sensiblement la même.

(Le coefficient généralement admis est 1/10e.)

Il est facile de démontrer par le calcul l'exactitude du coefficient 2/10 appliqué aux sucres : on connaît l'importance de ce fait, puisque dans la vente des sucres on multiplie par 5 le poids des cendres et on retranche le produit du poids de sucre déterminé (voir : Essais des sucres).

Les cendres de mélasses contiennent en moyenne :

Acide carbonique.	28 pour 100
Chlore.	7 pour 100

L'équivalent de l'acide sulfurique étant plus élevé que ceux du chlore et de l'acide carbonique, il y a donc une augmentation de poids correspondante :

En effet : $\frac{22.CO^2}{40.SO^3} = \frac{28}{x}$; d'où $x = 51$,

Et..... $\frac{35,5\ Cl.}{40.SO^3} = \frac{7}{x}$; d'où $x = 7,88$;

28g + 7g = 35g deviennent donc 51g + 7g,88 = 58g,88, soit 59g; soit une augmentation de 59g — 35g = 24g.

Donc, 124 grammes de cendres sulfuriques correspondront à 100 de cendres normales.

Et on aura : $\frac{124}{100} = \frac{100}{x}$; x, le poids réel de cendres = 80g,6.

Soit en moyenne 2/10 à retrancher du poids des cendres sulfuriques (voir : Analyse des sucres).

EXEMPLES D'ANALYSES DE PULPES.

	DE PRESSES HYDRAULIQUES.		DE DIVERSES PRESSES CONTINUES.	
	1°	2°	1re Pression.	2me Pression.
Eau	71.80	72.50	80.0	83.0
Sucre	8.70	10.20	6.5	4.7
Sels et terre	3.60	2.80	1.3	1.1
Matières organiques	15.90	14.50	12.2	11.2
	100.00	100.00	100.00	100.00

CHAUX

QUANTITÉ DE CHAUX PAR HECTOLITRE DE JUS

DOSAGE DU LAIT DE CHAUX ET DE LA CHAUX

On constatera le nombre d'hectolitres de lait de chaux ajouté par chaudière de jus.

On peut se rendre compte de la teneur en chaux du lait par la vérification de l'aréomètre destiné à cet usage et par un essai direct.

Les indications de l'aréomètre ne peuvent servir qu'autant que la chaux est convenablement cuite.

On prend 100 grammes de chaux de bonne qualité et parfaitement calcinée. Éteindre dans l'eau chaude et délayer jusqu'à formation de 500 centimètres cubes ; après refroidissement, agiter pour maintenir la chaux en suspension et introduire l'aréomètre qui devra marquer 20°. Dans le cas contraire, on fera la correction relative à la graduation.

DOSAGE DE LA CHAUX CAUSTIQUE CONTENUE DANS UN LAIT DE CHAUX

PROCÉDÉ ANCIEN PAR LE SUCRATE DE CHAUX ET FILTRATION[1] TITRAGE PAR LA LIQUEUR ACIDE (*)

« On prend, à l'aide d'une pipette jaugée, 10 centimètres cubes du lait de chaux qu'on veut essayer ; on le verse dans une carafe et on le délaye avec 400 centimètres cubes d'eau distillée, dans laquelle on a fait dissoudre préalablement 50 grammes de sucre blanc, ensuite on filtre au papier dans une autre carafe. La chaux bien délayée se dissout seule dans cette eau sucrée ; on lave le filtre à plusieurs reprises avec de l'eau, puis on ajoute dans la solution filtrée quelques gouttes de teinture de tournesol, pour obtenir une teinte bleue visible ; ensuite, avec la burette graduée, on mesure combien il faut employer de liqueur calcimétrique acide pour faire virer la couleur bleue au rouge vineux[1].

« Or, comme 1 gramme de chaux pure (CaO) sature 10 centimètres cubes de cette liqueur, s'il a fallu employer 20 grammes ou 200 divisions de la burette graduée, par exemple, pour obtenir le virement de la couleur, on en concluera que 10 centimètres cubes de lait de chaux contenaient 2 grammes ou 20 pour 100 de chaux, et que sa teneur en chaux est de 20 kilogrammes par hectolitre[2]. »

PROCÉDÉ NOUVEAU, SANS SUCRATE DE CHAUX NI FILTRATION PAR LA LIQUEUR CALCIMÉTRIQUE NEUTRE

« On prend un centilitre de lait de chaux qu'on verse dans un grand verre à expérience ou bocal d'une capacité de 300 à 400 centimètres cubes. Puis, avec environ 200 centimètres cubes, on rince la mesure et on délaye le lait de chaux. Ensuite, à l'aide d'une burette graduée, on verse, en agitant avec une baguette de verre, une quantité de liqueur calcimétrique suffisante pour que le papier de curcuma cesse de brunir. 20 centimètres cubes de cette liqueur

1. Extrait du *Guide du fabricant de sucre indigène*, par M. Possoz.

2. On peut employer, comme liqueur calcimétrique acide, l'acide chlorhydrique étendu convenablement.

neutralisant un gramme de chaux, s'il a fallu employer 40 centimètres cubes de cette liqueur neutre pour que le papier de curcumine cesse de rougir, on en concluera que les 10 centimètres cubes de lait de chaux contenaient 2 grammes ou 20 pour 100 de chaux, et que, comme dans l'exemple précédent, sa teneur en chaux est de 20 kilogrammes par hectolitre[1]. »

TITRES ALCALINS

TITRE ALCALIN DES JUS DE PREMIÈRE ET DEUXIÈME CARBONATATION DES JUS DES FILTRES-PRESSES, DES SIROPS, ETC.

Il est nécessaire de se rendre compte de la teneur en chaux des jus de première et deuxième carbonatation pour s'assurer que cette opération a une marche régulière et que l'action de l'acide carbonique est convenable. La proportion de chaux qu'on laisse à la première carbonatation est variable avec la nature des betteraves et les conditions de la fabrication.

La quantité de chaux après la deuxième carbonatation est d'environ 0.05 à 0,08 p. 100^{cc} de jus.

1° PROCÉDÉ DE M. POSSOZ[2]

Ce procédé permet de doser rapidement la chaux en présence du carbonate, pendant la carbonatation.

M. Possoz emploie une solution titrée et concentrée de protochlorure de fer qu'on étend dans la proportion de 1 litre de solution pour 24 litres d'eau. On a ainsi la liqueur d'épreuve n° 1 ou de première carbonatation. 1 litre de solution pour 200 litres d'eau constitue la liqueur d'épreuve n° 2 ou de deuxième carbonatation. 10 centimètres cubes de la liqueur n° 1 correspondent à 1 millième de chaux.

Pour essayer les jus pendant la carbonatation, on ajoute à 10 centimètres cubes du jus progressivement 40, 50, 60 centimètres cubes de liqueur n° 1,

1. Cette liqueur renferme du chlorure de zinc très-légèrement acide; en présence de la chaux, l'oxyde de zinc est précipité et le mélange ne manifeste plus d'alcalinité.
P. C. et H. P.

2. Extrait de la brochure de M. Possoz.

jusqu'à cessation de coloration du papier de curcuma, ou jusqu'à production d'une tache verte ou bleue (suivant qu'on opère à la lumière du jour ou à la lumière artificielle) qu'on obtient en plaçant sur une soucoupe en porcelaine une goutte de jus (après le traitement par le protochlorure de fer), et en ajoutant une petite quantité de prussiate rouge de potasse.

Toutefois, au lieu d'employer la liqueur ferrométrique, on peut, avec le papier de curcuma, reconnaître parfaitement si le jus est neutralisé par un volume déterminé de la liqueur d'épreuve n° 1.

L'alcalinité qu'il convient de laisser à la première carbonatation doit varier non-seulement en raison des dosages de chaux employés, mais aussi en raison de la qualité des betteraves.

Pour la deuxième carbonatation on se servira de la liqueur n° 2 dans les mêmes conditions, en faisant toutefois attention que 10 centimètres cubes de la liqueur n° 2 correspondent à 8 fois moins de chaux que 10 centimètres cubes de la liqueur n° 1.

On peut également employer au même usage la liqueur calcimétrique neutre de M. Possoz.

2° PROCÉDÉ DE M. H. PELLET

On sait que l'acide acétique alcoolisé n'attaque pas les carbonates. Cette propriété peut être utilisée pour doser l'alcalinité des jus en présence du carbonate de chaux.

On prépare une liqueur composée de :

Acide acétique cristallisable.	77	grammes.
Eau.	23	—

correspondant à un acide à deux équivalents d'eau ($C^4H^4O^4, 2HO$.)

D'après les équivalents, 78 grammes de cette solution saturent 28g de chaux.

On pèse 28 grammes de la solution acide à laquelle on ajoute 250 centimètres cubes d'alcool ordinaire, plus de l'eau de manière à former 1 litre.

10 centimètres cubes de la liqueur obtenue saturent 0g,10 de chaux.

Pour doser la chaux dans un jus, on en prend 100 centimètres cubes qu'on additionne de tournesol sensible et on titre rapidement.

Supposons qu'on ait employé 5 centimètres cubes d'acide pour 100 centimètres cubes de jus, on a 100 centimètres cubes jus = 0g,05 chaux.

1 litre = 0g,5 chaux.

Si le liquide sucré est coloré, on l'étend d'eau.

Pour les jus de deuxième carbonatation on emploiera une solution d'acide acétique dix fois plus faible.

3° DOSAGE PAR L'ACIDE SULFURIQUE TITRÉ (*)

Dans ce cas, il est nécessaire de filtrer le liquide sucré pour séparer le carbonate de chaux.

Titrage de l'acide. — Dissoudre dans l'eau distillée un poids déterminé de carbonate de soude pur et sec, soit 53 grammes (équivalent de NaO, Co^2), volume total, 1 litre.

D'autre part, introduire dans un vase d'un litre, par exemple, 35 grammes d'acide sulfurique pur du commerce.

Prendre 10 centimètres cubes de la liqueur de carbonate de soude, ajouter quelques gouttes de tournesol, faire bouillir et verser l'acide sulfurique goutte à goutte, à l'aide d'une burette graduée, jusqu'à neutralisation.

Supposons qu'on ait employé 14 centimètres cubes d'acide sulfurique.

On sait que	53 grammes, (ou 1000^{cc})		NaO,CO^2	=	28 grammes, CaO
Donc. . .	10^{cc}		NaO,CO^2	=	0^g,28 CaO
Soit. . . .	14^{cc}	SO^3	étendu	=	0^g,28 CaO
	10^{cc}	SO^3	étendu	=	0^g,20 CaO

Exemple de titrage du jus : Soit, 100 centimètres cubes de jus de première carbonatation saturés par 8 centimètres cubes d'acide sulfurique, titre (10^{cc} = 0^g,2 CaO).

$$\text{On aura : } \frac{10^{cc}.\ SO^3}{0^g,2.\ CaO} = \frac{8^{cc}}{x};\quad x = 1^g,60\ CaO$$

$$\text{d'où : } \frac{100^{cc}\ \text{jus}}{0^g,16\ CaO} = \frac{1.000^{cc}}{x};\quad x = 1^g,60\ CaO.$$

Les jus dont on doit rechercher le titre alcalimétrique, sont en général à une température élevée. On peut prendre comme moyenne 60 à 70°.

En déterminant la dilatation du jus à cette température, on trouve qu'elle correspond à environ 2/100, c'est-à-dire que 102 centimètres cubes correspondent à 100 centimètres cubes de jus froid.

Donc, si on a trouvé, par exemple, pour 100 centimètres cubes de jus à 60-70°, 0^g,375 de chaux par litre, on devra ajouter 2/100, soit 0^g,075, ou chaux = 0^g,382 par litre à la température de 15° environ. On peut aussi déterminer avec une approximation suffisante l'alcalinité des jus et par conséquent le moment d'arrêt de la carbonatation au moyen du papier de curcuma titré.

Pour comparer l'alcalinité des sirops, masses-cuites, mélasses, etc., on les étend d'eau jusqu'à ce que la solution ait la même densité que le jus de la première carbonatation servant de type.

Le jus de betterave traité par la chaux et carbonaté doit son alcalinité :

1° A la chaux libre ou sous forme de sucrate dont on laisse une certaine proportion à la deuxième carbonatation (les jus complétement saturés s'altèrent pendant la concentration);

2° A la potasse et à la soude existant dans la betterave, en partie sous forme de combinaisons organiques décomposables par la chaux. Les jus carbonatés renferment aussi en petite quantité des sels organiques de chaux solubles.

Quel que soit le procédé de dosage de la chaux que l'on emploie parmi ceux qui ont été indiqués, le résultat sera entaché d'une erreur provenant de la saturation des alcalis (potasse et soude) et d'une faible partie de la chaux combinée (sous forme de sels organiques).

On peut éviter l'erreur provenant de la saturation des alcalis libres en dosant directement chaque semaine la quantité de chaux existant dans les jus carbonatés et en comparant le chiffre obtenu avec celui qui résulte du titrage direct avec les liqueurs titrées.

Pour doser la chaux, on ajoute à 100 centimètres cubes de jus quelques gouttes d'une solution concentrée d'oxalate d'ammoniaque et on fait bouillir.

Le précipité est recueilli sur un filtre, séché et calciné. On humecte le résidu avec quelques gouttes de carbonate d'ammoniaque et on chauffe pour chasser l'excès. On ramène ainsi à l'état de carbonate la petite quantité de chaux formée par la calcination de l'oxalate.

En multipliant par 0,56 le poids de carbonate trouvé, on obtient directement la quantité de chaux renfermée dans les 100 centimètres cubes de jus.

Supposons que l'on ait trouvé dans 100 centimètres cubes de jus de première carbonatation :

Chaux par litre dosée par l'oxalate.	1g.20
Par le titre alcalin, chaux	1g.60
Différence.	0g.40

On saura donc que 1g,60 de chaux déterminé par l'essai alcalimétrique ne correspond qu'à 1g,20 de chaux libre. Tous les résultats faits sur une même nature de betteraves devront être multipliés par $\frac{1.2}{1.6}$ ou 0g,75, ce qui résulte des essais de M. Riffard [1].

	TITRE EN CHAUX TROUVÉE Par SO^3.	CHAUX PAR OXALATE AzH^3.
Après 1re carbonatation (par litre) .	2.030	1.225
Après 2me carbonatation.	0.434	0.247
Après filtration	0.574	0.164
Sirop à 25°	1.960	0.308
Jus des filtres-presses.	»	2.600

1. *Journal des fabricants de sucre*, n° 52 du 9 avril 1874.

DURÉE ET TEMPÉRATURE DES CARBONATATIONS

La durée des carbonatations varie suivant la teneur du gaz en acide carbonique, la proportion de chaux et la température.

La carbonatation doit être effectuée avec un gaz riche en acide carbonique. (On trouvera plus loin la teneur moyenne et quelques considérations sur la marche des fours.)

Outre que la fabrication est accélérée, on diminue ainsi le temps d'action de la chaux sur les matières organiques étrangères au sucre contenues dans les jus. Cette action a pour résultat de modifier en partie ces matières et d'augmenter la proportion de mélasse. La vitesse d'absorption du gaz carbonique par la chaux n'est pas en raison directe de sa teneur en acide.

La proportion de chaux après la première carbonatation est en général de 1 à 2 grammes par litre, et après la deuxième carbonatation de $0^{g},200$ à $0^{g},50$[1]. Les sirops carbonatés contiennent en moyenne $0^{g},05$ à $0^{g},10$ de chaux par litre. A la fin de la fabrication, si les betteraves commencent à s'altérer, il est parfois utile de laisser dans le jus une notable quantité de chaux.

La température à laquelle on effectue la première carbonatation varie avec les fabriques. Dans les unes, on commence la carbonatation à froid (dans le cas où les jus ne sont pas réchauffés), et on porte graduellement la température de 60 à 75°. Dans d'autres, au contraire, on maintient le jus à 55° environ, et vers la fin de l'opération on porte à 75°.

Cette manière de faire paraît devoir être préférée à la première. En effet, l'absorption de l'acide carbonique est d'autant plus rapide que la température est moins élevée ; de plus, l'action de la chaux sur les matières étrangères est moins énergique à basse température.

A la fin de la deuxième carbonatation, on porte à l'ébullition pour réunir le précipité et faciliter le dépôt du carbonate de chaux dont une partie est soluble à froid dans les solutions sucrées.

Il est à remarquer qu'en France, dans un grand nombre de fabriques, on dépasse la quantité de chaux nécessaire pour un bon travail.

M. Possoz conseille d'employer 2,5 de chaux totale pour 100 de jus, soit 2 pour 100 à la première et 0,5 pour 100 à la deuxième carbonatation. Quelques fabricants mélangent au jus en une seule fois toute la chaux, dont on enlève la plus grande partie pendant la première carbonatation.

1. D'après M. Possoz ces chiffres sont beaucoup trop élevés.

ÉCUMES

POIDS DES ÉCUMES

Ce poids est donné par la comptabilité. On peut le vérifier en cubant les wagons destinés à transporter les écumes hors de la fabrique et en prenant un poids moyen. La densité des écumes varie de 1,30 à 1,40.

DOSAGE DU SUCRE DANS LE JUS DES ÉCUMES

On emploie le même procédé que pour le jus ordinaire (voir page 29). Pour le titrage alcalin (voir page 43).

DOSAGE DU SUCRE CONTENU DANS LES ÉCUMES

Premier procédé. On prend 50 grammes d'écumes que l'on broie avec de l'eau dans un mortier; saturer par l'acide carbonique qui décompose les sucrates insolubles qui pourraient exister; filtrer et laver. Soit, volume total, 250 centimètres cubes de liqueur; porter à l'ébullition, ajouter acétate de plomb 10 centimètres cubes et faire un volume total de 250 de centimètres cubes. On titre au saccharimètre avec un tube de 20 centimètres.

Soit 3° du saccharimètre ordinaire, dont cent divisions correspondent à $163^{g},5$ de sucre par litre.

$$3^{\circ} \text{ correspondront à : } \frac{163,5 \times 3}{100} = 4^{g},905 \text{ par litre,}$$

D'où $250^{cc} = 1^{g},226$ sucre; par suite, 100 grammes d'écumes contiendront $2^{g},452$ de sucre.

Deuxième procédé. On traite 50 grammes d'écumes par 100^{cc} d'eau et quelques centimètres cubes d'une solution faible de carbonate de soude (si l'on voulait doser les sels dans les écumes on emploierait le carbonate d'ammoniaque[1]); faire bouillir et laver, ajouter de l'acétate de plomb tribasique; volume total, 250 centimètres cubes; titrer au saccharimètre.

1. Le carbonate de soude colorerait les jus dans le cas où les écumes renfermeraient du glucose.

Le carbonate d'ammoniaque ne colore pas la solution de glucose à l'ébullition.

Troisième procédé. Par la liqueur de Felhing.

On prend 10 grammes d'écumes, plus 100 centimètres cubes d'eau, avec quelques centimètres cubes d'une solution de carbonate d'ammoniaque ; porter à l'ébullition, filtrer et laver à l'eau chaude, aciduler la liqueur par l'acide chlorhydrique, faire bouillir deux à trois minutes; volume, 250 centimètres cubes; titrer comme pour les pulpes, directement par la liqueur de Felhing ou par les procédés de MM. Weil et Possoz.

Soit écumes, 10 grammes dans 250 centimètres cubes.

Liqueur de Felhing 5 centimètres cubes ($10^{cc} = 0^{g},05$ sucre) pour 16 centimètres cubes de liqueur sucrée.

D'où $16^{cc} = 0^{g},025$ et $250^{cc} = 0^{g},39$ sucre.

D'où sucre $= 3^{g},90$ pour 100 grammes d'écumes.

DOSAGE DE L'EAU DANS LES ÉCUMES

On dose l'eau contenue dans les écumes sur 10 ou 20 grammes en négligeant l'erreur provenant de l'absorption de l'acide carbonique pendant la dessiccation à l'air.

Cette proportion d'eau doit être sensiblement constante pendant le cours de la fabrication; elle indique une pression régulière. La quantité d'eau pour 100 s'élève de 37 à 44 environ.

DOSAGE DES CENDRES (SELS SOLUBLES) DANS LES ÉCUMES

On évapore une partie de la solution provenant de l'attaque des 10 grammes d'écumes par le carbonate d'ammoniaque, calciner, etc.

DOSAGE DE LA CHAUX TOTALE DANS LES ÉCUMES

1° On dose la chaux libre au moyen d'une solution de sucre (voir Analyse du lait de chaux, page 41).

2° On calcine 2 grammes de matière ; traiter par l'acide chlorhydrique, évaporer à sec pour rendre la silice insoluble, reprendre par l'eau aiguisée d'acide chlorhydrique et ajouter quelques gouttes d'acide sulfurique et un à deux volumes d'alcool. Le sulfate de chaux se précipite. On recueille sur un filtre après repos; laver avec l'eau alcoolisée (1 volume d'eau, 2 volumes d'alcool), sécher, calciner, ajouter quelques gouttes d'acide sulfurique, calciner de nouveau, peser.

Le poids du sulfate de chaux multiplié par $0^{g},411$, donne la proportion de chaux qu'on rapporte à 100 grammes d'écumes.

On peut aussi saturer par l'ammoniaque la solution acide, filtrer et précipiter par l'oxalate d'ammoniaque. D'où oxalate de chaux (voir page 75).

DOSAGE DE L'AZOTE DANS LES ÉCUMES

On suit le procédé général par la chaux sodée (voir Traités spéciaux d'analyse. Payen, *Chimie industrielle*, IIe volume).

Si l'écume est trop humide, pendant le dosage d'azote, la vapeur d'eau condensée provoque la rupture des tubes à analyse. Pour remédier à cet inconvénient, on place entre la dernière couche de verre et le tube de Will 1 à 2 grammes de silice sèche.

DOSAGE DE L'ACIDE PHOSPHORIQUE DANS LES ÉCUMES

Prendre 10 grammes d'écumes, sécher et calciner : humecter d'acide chlorhydrique le résidu. Évaporer à sec à l'étuve ou au bain-marie pour rendre la silice insoluble. Traiter de nouveau à chaud par l'acide chlorhydrique étendu; filtrer, laver à l'eau chaude. Dans la liqueur filtrée on ajoute :

1° De l'ammoniaque jusqu'à formation d'un précipité;

2° Solution d'acide citrique qui redissout le précipité formé;

3° De l'ammoniaque pour rendre la liqueur alcaline; si le liquide précipite immédiatement, redissoudre le précipité dans l'acide citrique et saturer par l'ammoniaque en excès, ajouter quelques gouttes de solution concentrée de chlorure de magnésium et agiter le liquide; il se forme bientôt un précipité qu'on laisse déposer cinq à six heures; filtrer sur filtre de dimension connue, pour déduire le poids des cendres; laver à l'eau ammoniacale, sécher; détacher le précipité et calciner le tout : ce précipité est du phosphate ammoniaco-magnésien, qui se transforme par la calcination en pyro-phosphate de magnésie.

La partie qui reste adhérente au filtre rend la calcination très-lente : on peut ajouter quelques gouttes d'acide azotique fumant qui détruit le charbon du filtre. Cette précaution n'est pas nécessaire si l'on a soin de calciner le filtre à part et de réunir le résidu au premier.

Formule du pyrophosphate de magnésie. $PhO^5, 2MgO$, soit équivalent 111, renfermant : acide phosphorique 71. Donc, 1 gramme $PhO^5, 2MgO$ = acide phosphorique $0^g,6396$. Supposons que 10 grammes d'écumes aient donné pyrophosphate $0^g,08$

$$\text{On aura : } \frac{1^g}{0,6396} = \frac{0^g,08}{x}; \quad x = 0^g,0511$$

donc 10 grammes d'écumes renferment : acide phosphorique, $0^g,0511$.

100 grammes = $0^g,511$

Cette méthode de dosage de l'acide phosphorique s'applique aux vieux noirs, engrais, etc.

CALCUL DU POIDS MINIMUM DES ÉCUMES ET DE LA PERTE EN SUCRE ENTRAINÉ

Supposons à la première carbonatation $2^g,5$ pour 100 de chaux, et à la deuxième carbonatation $0^g,5$ pour 100, soit chaux totale 3 pour 100.

Après la carbonatation, ces 3 pour 100 de chaux (moins la chaux restant dans le jus), donneront environ 5 pour 100 de carbonate de chaux, et comme les écumes renferment en général 35 à 40 pour 100 d'eau, il y aura en moyenne 8 kilogrammes d'écumes, pour 100 litres de jus.

La teneur en sucre des écumes varie de $2^g,5$ à $4^g,5$ pour cent. Si donc on a travaillé 2000 hectolitres de jus par jour, on aura 16000 kilogrammes d'écumes à $3^g,75$ de sucre pour 100 par exemple, soit sucre perdu 600 kilogrammes. Dans le calcul précédent, on n'a pas tenu compte du poids des matières organiques contenues dans les écumes. La proportion de sucre entraînée sera donc supérieure à celle indiquée, car le poids réel des écumes est plus grand que celui du CaO,Co^2 calculé ci-dessus.

Dans le cas où on veut doser le sucre dans un sucrate insoluble, on agit comme pour les écumes (traitement par l'acide carbonique ou carbonate de soude).

Dosage au saccharimètre s'il n'y a pas de glucose, ou avec la liqueur de Felhing.

DU NOIR

ESSAI DES NOIRS

Les noirs ont pour but d'absorber la majeure partie de la chaux renfermée à divers états dans les jus après la deuxième carbonatation et de les décolorer en même temps.

Les divers auteurs qui se sont occupés de l'action du noir animal ont affirmé qu'il avait en outre pour fonctions d'absorber des matières organiques étrangères au sucre, et par conséquent d'épurer les jus.

En présence du peu de documents publiés sur cette question importante, les auteurs de ces notes ont fait de nombreux essais ayant pour but de vérifier cette assertion.

La méthode qu'ils ont employée est la suivante :

Sur une mélasse quelconque étendue d'eau (absence de glucose), on détermine :

1° La densité;

2° On dose le sucre par le saccharimètre;

3° Les matières organiques azotées et non azotées au moyen de la quantité strictement nécessaire d'acétate tribasique de plomb (un excès redissout en partie le précipité). La plus grande partie des matières organiques étrangères au sucre est précipitée par l'acétate tribasique : le précipité est recueilli sur un filtre taré, lavé et séché;

4° Les cendres par incinération sulfurique;

5° L'azote par la chaux sodée.

La solution sucrée est ensuite mise au contact d'un grand excès de noir neuf pendant plusieurs heures, et à la température de 60° environ, puis filtrée.

On détermine de nouveau la densité, la teneur en sucre, les matières organiques, l'azote et les cendres. On déduit aussi dans les deux cas le coefficient de pureté.

Il résulte de la comparaison des chiffres obtenus :

1° Que la densité du liquide a diminué dans le cas de solutions concentrées ou impures;

2° Qu'une partie des matières organiques a été absorbée par le noir en même temps que le sucre et que leur rapport avant et après l'action du noir est resté le même; par conséquent le coefficient de pureté n'a pas varié, c'est ce que confirme d'ailleurs la détermination directe de ce chiffre.

Quant aux sels alcalins, leur absorption est sensiblement nulle dans ces conditions; il y a donc bien absorption réelle de matières organiques, mais cette action est sans résultat sur la pureté du jus sucré.

En dehors de ces résultats d'expériences on ne doit pas perdre de vue que la proportion de noir (environ 2 pour 100 de jus), recommandée par M. Possoz, est suffisante avec des jus convenablement saturés par l'acide carbonique; mais il n'en est plus de même dans le cas où, suivant une pratique défectueuse, on laisse dans les jus un excès de chaux qui devra être absorbé ultérieurement par le noir.

En ne considérant que cette manière d'agir, les noirs doivent donc être essayés : Au point de vue de l'absorption de la chaux et de leur pouvoir décolorant.

POUVOIR ABSORBANT DU NOIR POUR LA CHAUX

Le noir absorbe la chaux et la baryte dans les mêmes conditions. Aussi paraît-il préférable d'employer cette dernière base, relativement très-soluble, en raison de la difficulté de préparer rapidement de l'eau de chaux à un titre connu ; la chaux en excès, mise en contact avec l'eau, ne se dissout que lentement et ne fournit une solution saturée qu'après plusieurs jours d'agitation.

PRÉPARATION DE LA SOLUTION DE BARYTE

On fait une solution de baryte représentant 1 gramme de baryte par litre, et on établit ce dosage au moyen de l'acide sufurique qui sert au titrage de l'alcalinité du jus.

On a vu (p. 45) que cet acide correspond à $0^g,2$ de chaux pour 10^{cc}; d'après les équivalents, on aurait $0^g,54$ de baryte.

100 centimètres cubes d'acide titré, additionnés d'eau distillée jusqu'à formation d'un litre, donneront une solution titrée dont 10 centimètres cubes satureront $0^g,054$ de baryte.

Pour préparer la solution de baryte représentant 1 gramme par litre, on peut procéder par tâtonnement ou, mieux, faire une solution étendue quelconque et déterminer, au moyen de l'acide titré (pour dosage de l'alcalinité des jus), la quantité de baryte contenue dans 10 centimètres cubes de cette solution. De là on déduira la proportion d'eau à ajouter.

En résumé : si on fait le titrage sur 50 centimètres cubes d'eau de baryte contenant, par exemple, BaO, $0^g,05$, on emploiera $9^{cc},4$ d'acide sulfurique titré comme il a été dit.

On préparera de même la solution de chaux.

Pour l'essai du noir, on prendra 50 grammes du noir à titrer, et le même poids d'un noir pris pour type et de même grosseur.

Ajouter à chaque échantillon, placé dans un flacon bouché, 200 centimètres cubes de solution de baryte. Agiter les deux flacons à plusieurs reprises pendant un quart d'heure et filtrer.

Prendre 25 centimètres cubes de la liqueur filtrée et titrer avec l'acide sulfurique.

Exemple : 1° Un noir type, essayé comme ci-dessus, a donné :

Pour 25 centimètres cubes après action sur la baryte, $2^{cc},3$. SO^3;

Soit : Avant l'action du noir type, $25^{cc} = 4^{cc},7$. $SO^3 = 0^g.025$ BaO ;

Après Id. $25^{cc} = 2^{cc},3 = 0^g,0122$ BaO.

Différence $0^g,0128$ BaO absorbée.

Si donc pour 0g,025 de baryte (ou 25cc) il y a absorption de 0g,0128,
Pour 1 gramme de baryte, (ou 1000cc) il y aura absorption de 0g,512.

$$\text{Le titre sera donc } \frac{0{,}512}{1} \text{ ou } \frac{512}{1000}.$$

2° Noir à essayer : 25cc après action sur la baryte ont demandé 2cc,7.
Soit : avant, 25cc = 0g,025 baryte.
— après, 25cc = 0g,0143.
Baryte absorbée = 0g,0107.
Et si sur 0g,025 il y a 0g,0107. BaO. absorbée,
Sur 1 gramme il y aura 0g,428.

$$\text{Le titre de ce deuxième noir sera de } \frac{428}{1000}.$$

Le pouvoir absorbant pour la baryte, et par suite pour la chaux, est donc représenté par $\frac{512}{1000}$ et $\frac{428}{1000}$ pour chaque noir respectivement.

Diverses matières possèdent, comme le noir, la propriété d'absorber les sels calcaires et la chaux.

En première ligne, on peut citer la silice et l'alumine, les cendres de divers boghead, ainsi que le boghead lui-même, le phosphate de chaux en poudre et en morceaux, et enfin la pierre ponce, qui absorbe la chaux, mais en faible proportion.

La chaux et les sels calcaires contenus dans les jus et les sirops sont donc en partie enlevés par leur passage sur le noir ; ce point est fort important, attendu que la chaux, libre surtout, empêche la cristallisation d'une certaine quantité de sucre, tout en ralentissant d'une manière considérable la cristallisation du reste.

Comme vérification de cette action de la chaux sur la cristallisation, on a fait au laboratoire les essais suivants :

Sirop exempt de chaux (la chaux ayant été enlevée par le carbonate d'ammoniaque) : rendement en sucre, 47 pour 100.

Sirop contenant 1 gramme de chaux par litre ; rendement en sucre, 36.

Dans ces essais, la cristallisation du sirop contenant de la chaux, s'est effectuée en un temps deux ou trois fois plus long que dans le premier cas. Il en résulte que, en fabrique, où la masse cuite séjourne le même temps dans l'empli, le rendement du sirop contenant de la chaux aurait été encore inférieur au rendement trouvé ci-dessus.

ESSAI DU POUVOIR DÉCOLORANT DU NOIR

L'appareil le plus convenable pour les essais est le chromoscope[1].

Quant aux colorimètres de MM. Payen, Duboscq, Salleron, etc., ils peuvent être employés avec succès pour comparer entre eux des sucres de même provenance et dont les nuances présentent une différence notable.

RÉVIVIFICATION DU NOIR

Dans la plupart des cas, on se contente, dans les fabriques, de laver le noir soit à la vapeur, soit à l'eau chaude, et de le calciner dans des fours après une dessiccation plus ou moins complète.

Cette méthode est très-défectueuse.

En effet, les matières organiques incomplétement enlevées obstruent les pores du noir à la calcination.

De plus, la chaux transformée en carbonate modifie les pouvoirs absorbants, de telle sorte que le noir perd peu à peu ses propriétés, et est considéré comme hors d'usage quand son poids a doublé.

Il est vrai qu'on additionne souvent le noir d'une petite quantité d'acide chlorhydrique généralement insuffisante pour enlever la chaux libre et carbonatée qu'il renferme.

Dans plusieurs fabriques, on soumet aussi le noir à la fermentation, qui a pour résultat de séparer en partie le carbonate de chaux; mais cette fermentation, qui est alcoolique, est provoquée par le sucre que renferme toujours le noir, et dont la proportion varie avec les soins apportés au lavage.

La méthode la plus rationnelle consiste dans l'addition d'acide chlorhydrique en quantité correspondante à la proportion de carbonate de chaux contenue dans le noir.

On peut évaluer cette quantité, soit avec l'appareil de M. Frésénius (voir Dosage des calcaires), soit, ce qui est préférable à l'aide du calcimètre de Scheibler (voir Stammer, p. 314).

D'après les résultats trouvés, on déduit la proportion d'acide chlorhydrique à ajouter en consultant le tableau suivant.

1. Voir Stammer, p. 320.

DENSITÉ d'après Baumé.	POIDS SPÉCIFIQUE.	PROPORTION D'ACIDE chlorhydrique pur.	QUANTITÉS D'ACIDE CHLORHYDRIQUE [1] NÉCESSAIRES A L'ÉLIMINATION DE 1, 2... JUSQU'A 9 PARTIES DE CARBONATE DE CHAUX.								
			1	2	3	4	5	6	7	8	9
24	1.200	40.777	1.7902	3.5805	5.3707	7.1609	8.9511	10.7414	12.5316	14.3218	16.1120
»	1.195	39.644	1.8414	3.6828	5.5242	7.3656	9.2069	11.0483	12.8897	14.7311	16.5725
23	1.190	38.498	1.8962	3.7924	5.6886	7.5848	9.4810	11.3772	13.2734	15.1696	17.0658
»	1.185	37.348	1.9546	3.9092	5.8638	7.8184	9.7729	11.7275	13.6821	15.6367	17.5913
22	1.180	36.251	2.0137	4.0275	6.0412	8.0550	10.0687	12.0824	14.0962	16.1099	18.1236
»	1.175	35.243	2.0713	4.1427	6.2140	8.2853	10.3567	12.4280	14.4993	16.5707	18.6420
21	1.170	34.232	2.1325	4.2650	6.3975	8.5300	10.6625	12.7950	14.9276	17.0601	19.1926
»	1.165	33.213	2.1979	4.3959	6.5938	8.7917	10.9897	13.1876	15.3855	17.5835	19.7814
20	1.160	32.232	2.2648	4.5297	6.7945	9.0593	11.3242	13.5890	15.8538	18.1186	20.3825
»	1.155	31.255	2.3356	4.6713	7.0069	9.3425	11.6784	14.0138	16.3494	18.6850	21.0206
19	1.150	30.291	2.4100	4.8199	7.2299	9.6398	12.0498	14.4597	16.8697	19.2797	21.6896
»	1.145	29.320	2.4898	4.9795	7.4693	9.9591	12.4488	14.9316	17.4284	19.9181	22.4079
18	1.140	28.350	2.5750	5.1499	7.7249	10.2998	12.8748	15.4497	18.0247	20.5996	23.1746
»	1.135	27.341	2.6700	5.3400	8.0099	10.6799	13.3499	16.0199	18.6899	21.3599	24.0298
17	1.130	26.350	2.7704	5.5408	8.3112	11.0816	13.8520	16.6224	19.3928	22.1632	24.9336
»	1.125	25.343	2.8805	5.7610	8.6414	11.5219	14.4024	17.2829	20.1634	23.0438	25.9243
16	1.120	24.349	2.9981	5.9961	8.9942	11.9923	14.9904	17.9884	20.9865	23.9846	26.9826
»	1.115	23.378	3.1226	6.2452	9.3678	12.4904	15.6130	18.7356	21.8582	24.9808	28.1033
15	1.110	22.385	3.2611	6.5222	9.7833	13.0444	16.3056	19.5667	22.8278	26.0889	29.3500
»	1.105	21.387	3.4133	6.8266	10.2399	13.6532	17.0664	20.4797	23.8930	27.3063	30.7196
14	1.100	20.388	3.5805	7.1611	11.7416	14.3221	17.9027	21.4832	25.0638	28.6443	32.2248

La différence entre le poids du carbonate de chaux contenu dans le noir neuf et dans le noir qui a servi, représente la quantité de carbonate qu'il est nécessaire d'enlever.

Lorsque le noir a perdu la plus grande partie de ses propriétés décolorantes et absorbantes pour la chaux, on peut les lui rendre dans une certaine limite par une décortication qui a pour but de renouveler les surfaces en enlevant la couche extérieure des grains de noir, dans laquelle sont accumulées la plupart des matières minérales absorbées.

On devra dans tous les cas soumettre à cet essai le noir épuisé avant de le rejeter définitivement.

1. Extrait de Stammer.

100 parties de noir neuf contiennent en moyenne (d'après l'ouvrage de M. Stammer),

Carbone	8.00
Chaux carbonatée	7.50
Chaux sulfatée	0.25
Sulfure de calcium	0.04
Sable, etc.	2.75
Sels solubles dans l'eau chaude	1.10
(Phosphate de chaux etc.	80.36)

Poids spécifique		2.80
Poids d'un même volume de 1 litre.	à l'état de grains	0k.730
	en poudre fine	1k.010
Décoloration relative	à l'état de grains	45
	en poudre fine	85

(Voir derrière le tableau indiquant la composition des noirs révivifiés.)

DEGRÉ DE CUISSON DU NOIR

On peut contrôler le degré de cuisson du noir en soumettant un poids déterminé de cette matière à l'ébullition en présence d'une solution de soude au 1/10, et en comparant la coloration du liquide ramené au même volume.

Cuisson faible : coloration brune.

Bonne cuisson : légère coloration.

Cuisson forte : pas de coloration.

Ces colorations sont dues à la dissolution par la soude des matières organiques plus ou moins détruites par la calcination.

DOSAGE DU CARBONE DANS LES NOIRS [1]

« La détermination du carbone est une appréciation qu'on exécute quelquefois à l'occasion de l'achat de noir; on admet en effet qu'en général la qualité du noir est en raison directe de sa richesse en carbone. Remarquons que le carbone qu'on trouve n'est pas l'élément pur, mais bien une substance mixte qui contient en outre de l'azote, mais dont la partie principale et la plus importante se compose de carbone.

« La manière la plus simple consiste à calciner, au contact de l'air, dans

1. Stammer (page 300).

COMPOSITION MOYENNE DES NOIRS RÉVIVIFIÉS [1]

	100 PARTIES DE NOIR CONTIENNENT :															
	1	2	3	4	5	6	7	8	9	10	11	12	13	14	15	16
Carbone	5.22	4.55	5.60	6.09	8.58	6.12	5.90	3.20	6.87	7.02	7.54	6.89	7.36	7.07	6.95	9.44
Chaux carbonatée. .	8.25	10.58	3.63	6.26	6.09	9.49	10.77	10.33	9.79	10.09	5.64	4.96	9.50	8.05	10.54	8.69
Chaux sulfatée . . .	0.36	1.01	0.42	0.48	1.81	0.45	0.40	0.33	0.84	0.65	1.08	0.98	0.62	0.28	0.29	0.40
Sulfure de calcium. .	0.08	0.21	0.07	0.15	0.28	0.07	0.07	0.40	0.24	0.46	0.25	0.25	0.44	Trace.	Trace.	Trace.
Sable, etc	2.79	1.72	2.30	2.11	2.14	1.57	1.96	2.69	2.76	2.84	1.71	1.49	3.22	4.18	3.27	2.75
Sels solubles dans l'eau chaude.	0.15	0.17	0.15	0.21	0.24	0.17	0.20	0.15	0.23	0.34	0.30	0.24	0.35	0.21	0.23	0.73
Poids spécifique. . .	2.935	2.900	2.906	2.904	2.866	2.845	2.845	2.844	2.878	2.852	2.890	2.928	2.873	2.874	2.889	2.884
Poids du litre, en grammes. — à l'état de grains.	1170	1049	1106	1132	923	968	1032	1151	1036	1060	904	1051	958	948	1097	769
Poids du litre, en grammes. — en poudre fine.	1388	1210	1456	1302	1198	1287	1294	1372	1316	1371	1268	1365	1130	1313	1223	1053
Décoloration relative. — à l'état de grains.	28	25	35	32	45	40	30	6	40	35	42	25	42	40	30	50
Décoloration relative. — en poudre fine.	80	82	76	84	85	84	82	74	82	80	84	80	84	82	82	88

1. Extrait de Stammer.

une capsule ou dans un creuset, un échantillon pesé de noir parfaitement sec, jusqu'à ce que le résidu soit bien blanc. On remue de temps en temps pour hâter l'oxydation, et on ne chauffe pas trop pour que la chaux carbonatée ne perde pas trop d'acide carbonique.

« Pour plus de sûreté, on humecte le résidu avec du carbonate d'ammoniaque et on chauffe doucement; s'il n'y a pas augmentation de poids, la détermination est finie ; mais si le poids augmente, il faut répéter le traitement au carbonate d'ammoniaque jusqu'à poids constant.

« Cette méthode, quoique très-expéditive, n'est pas admissible quand il s'agit d'une exactitude plus grande. Dans ce cas, on procède de la manière suivante :

« On traite une quantité déterminée de noir pulvérisé par l'acide chlorhydrique pour dissoudre entièrement les combinaisons terreuses. Le dégagement de gaz sulfhydrique, pendant cette dissolution, trahit la présence du sulfure de calcium dont la quantité, du reste, est rarement à déterminer. Le résidu insoluble dans l'acide est recueilli sur un filtre pesé, puis lavé, séché et pesé. Ensuite on détache du filtre la partie principale de la substance insoluble pour la brûler dans un creuset, et enfin on brûle le filtre même avec le résidu, et on trouve ainsi, déduction faite des cendres du filtre, le poids du sable, de la silice, etc. La différence de ce poids et de celui de la partie insoluble totale donne la proportion du charbon animal pur. »

LAVAGE DES FILTRES A NOIR

Ce lavage, qui doit être fait avec de l'eau chaude, a pour but d'enlever la plus grande partie du sucre retenu dans le noir.

Lorsque l'eau de lavage ne contient plus qu'une faible proportion de sucre, il est nécessaire d'arrêter l'écoulement et de laisser l'eau en contact avec le noir une demi-heure environ. Cette eau se charge de nouveau de sucre qui avait échappé au lavage par la formation inévitable de courants dans l'intérieur du filtre. Cette remarque importante est due à M. Woestyn.

On détermine par le saccharimètre ou mieux par les liqueurs titrées la teneur en sucre des dernières eaux de lavage.

MASSE CUITE

QUANTITÉ DE MASSE CUITE EN POIDS

Cet élément doit être déterminé à chaque cuite; on en déduit le rendement par hectolitre de jus, et par suite par 1000 kilogrammes de betteraves. La densité de la masse cuite varie de 1.40 à 1.50. Pour l'établir, on remplit de masse cuite encore chaude un récipient quelconque taré et d'un volume connu, et on pèse.

On vérifiera le poids de masse cuite fourni par la régie au moyen du calcul suivant :

Soit : Sucre pour 100 centimètres cubes dans le jus de 2e carbonatation, 7g,5;
Hectolitres de jus de 2e carbonatation, 2000;
Sucre total, 15,000 kilog.;
Soit : Sucre pour 100 kilog. de masse cuite de 1er jet, 78 kilog.

$$\text{Donc : } \frac{78^{k} \text{ de sucre}}{100^{k} \text{ de masse cuite}} = \frac{15{,}000^{k}}{x} \quad x = 19{,}230^{k}.$$

TEMPS D'EMPLI DE LA MASSE CUITE

Le temps pendant lequel la masse cuite séjourne dans l'empli a une influence notable sur le rendement en sucre quand la cuite n'est pas serrée. On notera donc ce temps.

QUANTITÉ DE MÉLASSE AJOUTÉE

La masse cuite avant de passer à la turbine est introduite dans un moulin; on ajoute un volume variable de mélasse étendue pour séparer les cristaux et faciliter le turbinage. Cette clairce doit marquer 25° Baumé. Dans ces conditions elle possède une fluidité suffisante et est encore assez concentrée pour ne dissoudre qu'une faible quantité de sucre.

Il est utile de noter la température de la cuite au moment du turbinage et de déterminer sa coloration comparée :

1° A celle du sirop;

2° A celle du jus de deuxième carbonatation.

RENDEMENT EN SUCRE A L'ESSAI

Le turbinage de la masse sucrée entraîne toujours une perte plus ou moins considérable de sucre cristallisé. Cette perte est due :

1° A l'emploi de la mélasse étendue d'eau;

2° A l'addition d'eau dans la turbine pour blanchir le sucre et hâter le turbinage. Cette pratique très-défectueuse est néanmoins suivie dans un grand nombre de fabriques;

3° A l'action de la vapeur d'eau non désaturée (voir l'article de M. Woestyn, *Journal des fabricants de sucre*). Ces pertes peuvent représenter de 5 à 8 pour 100 de sucre cristallisé, soit 10 à 16 pour 100 de la masse cuite.

On doit à M. Woestyn un procédé rapide et très-exact pour se rendre compte de ces pertes dont l'importance est capitale, car on se tromperait en supposant que le sucre qui a été redissous cristallisera en entier dans le deuxième jet et que par conséquent le rendement total ne sera pas modifié.

On prend 200 grammes de masse cuite qu'on additionne de 2 à 300 centimètres cubes d'eau-de-vie saturée de sucre (introduire un excès de sucre en poudre dans l'eau-de-vie et agiter fréquemment pendant plusieurs jours), et on délaye lentement pour éviter de briser les cristaux. Quand ceux-ci paraissent séparés de la mélasse qui les enveloppe, on laisse déposer, on décante et on ajoute une nouvelle proportion d'eau-de-vie saturée, et ainsi de suite jusqu'à ce que l'on ait enlevé toute la mélasse.

On place le sucre dans une petite turbine de laboratoire dont la toile métallique est la même que celle des turbines de fabrique (si la masse cuite contient du sucre en cristaux fins, remplacer la toile métallique par une plus fine), et on clairce avec de l'eau-de-vie saturée; on chasse les dernières quantités d'eau-de-vie avec quelques centimètres cubes d'alcool concentré.

Peser le tambour de la turbine avant et après. Dans ces conditions le sucre est encore imprégné d'alcool que la petite dimension de la turbine et par conséquent la force développée ne permettent pas d'enlever. On prend donc quelques grammes de sucre pesé et on le sèche à l'étuve en rapportant au poids total.

En comparant le rendement ainsi obtenu avec celui de la fabrique, on se rend compte des pertes.

Le sucre obtenu à l'étuve est sec, tandis que celui des fabriques est humide : . . . .

1° Supposons que le sucre des fabriques contienne 1.5 pour 100 d'eau et que le rendement à la turbine soit 49 grammes pour 100 grammes de masse cuite.

2° D'autre part, rendement à l'essai à la turbine 56 grammes de sucre sec;

On aura : $\frac{100^g \text{ sucre de fabrique}}{98{,}5 \text{ sucre sec}} = \frac{49^g}{x}$; $x = 48^g{,}16$ sucre sec obtenu en fabrique ;

La différence $56^g - 48^g{,}26 = 7^g{,}74$ représente la perte de sucre due aux diverses causes citées plus haut.

Lorsqu'on n'a pas de turbine à sa disposition, on peut se contenter, après avoir traité la masse sucrée comme il a été dit, de jeter le résidu sur un filtre taré.

On lavera avec de l'alcool à 80° environ, saturé de sucre, puis par l'alcool à 95° saturé de même. Dans ces conditions, le rendement est plus élevé, attendu que les grains fins sont retenus par le filtre, tandis que, dans le cas contraire, il y a une certaine perte.

Le rendement doit être établi par 100 kilogrammes et non à l'hectolitre comme cela se pratique en général.

Le sucre turbiné renferme souvent des petites masses colorées, formées de cristaux de sucre agglomérés, et qui proviennent d'une cuite mal conduite.

ANALYSE DES MASSES CUITES

Sucre et cendres. — On dose le sucre et les cendres directement comme pour les sucres (voir pages 63 et 64).

Eau. — La masse cuite, soumise à la température de 100 à 110° pendant plusieurs heures, ne perd qu'une faible partie de l'eau qu'elle renferme et qui est retenue mécaniquement.

On emploiera le procédé suivant :

Prendre 5 grammes de silice sèche précipitée, qu'on mélange intimement dans un mortier avec 10 grammes de masse sucrée, mettre à l'étuve pendant trois à quatre heures 10 à 12 grammes du mélange et peser. La silice précipitée présente une grande porosité et, tout en divisant la masse sucrée, absorbe l'eau qui s'évapore rapidement sous l'influence de la chaleur.

EXEMPLE D'ANALYSE DE MASSE CUITE

Eau	7.50	à	12.00
Sucre	83.00	à	76.00
Cendres	4.95	à	6.00
Matières organiques, etc.	4.55	à	6.00
	100.00		100.00

SUCRES

ANALYSE DES SUCRES. — 1er, 2e ET 3e JET

PRISE D'ÉCHANTILLONS [1]

« Au moment où un tas de sucre vient d'être mélangé, il faut en prendre quelques poignées à 20 ou 30 places différentes, et non-seulement à la surface, mais aussi dans l'intérieur; cela fait, bien mélanger le gros échantillon ainsi obtenu et agir de même à son égard pour y prélever un plus petit échantillon sur lequel les analyses seront faites.

« Si la prise d'échantillon doit être faite, non pas sur des sucres à mettre en sac, mais sur des sucres mis en sac, voici quelles sont les précautions qu'il est indispensable d'observer pour avoir un échantillon qui représente aussi exactement que possible le sucre qu'il s'agit d'essayer.

« Supposons un lot de sucre de cent sacs, mis en magasin ou en entrepôt depuis plus ou moins longtemps. Ce sucre peut avoir pris de l'humidité ou s'être séché à la surface du tas ou des sacs; la surface du tas ou des sacs ne représente donc pas le sucre tel qu'il a été ensaché; il faut faire ouvrir plusieurs sacs dans l'intérieur du tas et y prendre une poignée de sucre dans l'intérieur du sac.

« L'échantillon prélevé avec les précautions recommandées ci-dessus doit être mis dans un flacon bien bouché et non dans du papier ou des boîtes. »

DOSAGE DE L'EAU

Mettre pendant plusieurs heures à l'étuve à 110° environ, 5 grammes de sucre.

DOSAGE DES CENDRES

On place 5 grammes de sucre dans une nacelle ou capsule en platine tarée; humecter avec 3 à 4 centimètres cubes d'acide sulfurique pur et concentré, chauffer lentement pour éviter le boursouflement, calciner à la moufle à une température rouge sombre, et retrancher du poids trouvé 2/10, qui repré-

1. Extrait d'un mémoire de M. Woussen sur l'analyse des sucres.

sentent l'excès de poids provenant de la substitution de l'acide sulfurique au chlore et à l'acide carbonique (voir p. 40).

Exemple : Sur un échantillon de sucre on a dosé les cendres par une série de carbonisations et de lavages :

D'où : cendres directes 1g,580
Ces cendres, traitées par l'acide sulfurique et calcinées, ont donné 1g,950; ce poids, diminué de 1/10, devient 1g,775, et diminué de 2/10. . . . . 1g,560
La calcination directe du sucre avec l'acide sulfurique a donné : cendres. 1g,600

DOSAGE DU SUCRE. — TITRAGE AU SACCHARIMÈTRE

On introduit dans un flacon jaugé de 100 centimètres cubes, 16g,35 de sucre et environ 80 à 90 centimètres cubes d'eau. Après dissolution, ajouter une solution étendue d'acétate de plomb tribasique de manière à former un volume total de 100 centimètres cubes, filtrer.

Cependant on emploie en général des flacons jaugés de 100 centimètres cubes dont le col porte en outre un trait correspondant à 110 centimètres cubes, l'intervalle entre les deux traits représentant le volume d'acétate de plomb; dans ce cas on devra ajouter au poids du sucre trouvé 1/10 correspondant à l'augmentation de volume.

Il arrive souvent que l'acétate tribasique de plomb ne fournit qu'un léger précipité, et que la solution passe colorée; ce fait provient de la redissolution du précipité par un excès d'acétate. Il faut alors recommencer l'opération et n'employer que 1 à 2 centimètres cubes de solution d'acétate suivant sa concentration.

Au point de vue du raffinage on admet que 1 gramme de cendres empêche la cristallisation de 5 grammes de sucre; par conséquent, du poids de sucre trouvé on déduit le produit des cendres multiplié par le coefficient 5.

Ce chiffre, très-erroné en principe, comme l'ont démontré les recherches de MM. Payen, Marshall, Margueritte, Champion et Pellet, etc., présente souvent en pratique une certaine exactitude. En effet, il n'y a qu'un très-petit nombre de sels parmi ceux qu'on rencontre dans les betteraves qui nuisent à la cristallisation du sucre, mais la quantité des matières organiques, qui sont le véritable obstacle à la cristallisation, est en général proportionnelle à la teneur en sels.

On écrit les analyses de sucre sous la forme suivante :

Eau.	1.10
Cendres.	0.80
Sucre.	96.90
Glucose ou incristallisable.	»
Inconnu (matières organiques étrangères)..	1.20
	100.00
Rendement au coefficient 5 —	92.90

RECHERCHE ET DOSAGE DU GLUCOSE DANS LES SUCRES DE 2e ET 3e JET

On peut, sans faire une nouvelle dissolution, employer une partie de la liqueur sucrée qui a servi au dosage du sucre par le saccharimètre, ($16^g,35$ dans 100 centimètres cubes), soit 80 centimètres cubes de liquide $= 13^g,08$ de sucre.

On ajoute une solution concentrée de sulfate de soude ; faire un volume total de 100 centimètres cubes, filtrer, prendre 90 centimètres cubes de la liqueur filtrée, soit $11^g,77$ sucre. Ajouter quelques centimètres cubes de la solution cuivrique de M. Possoz, faire chauffer.

On recueille l'oxydule sur un petit filtre et on lave à l'eau chaude ; dissoudre dans l'eau aiguisée d'acide chlorhydrique. (Il reste quelquefois de l'oxydule de cuivre attaché au ballon, même après le lavage, dans ce cas, introduire quelques gouttes d'acide chlorhydrique et réunir les liqueurs.)

On titre comme il a été dit, page 3, au dosage du glucose dans les jus, betteraves, etc.

Supposons que 20 centimètres cubes de liqueur Possoz $= 0^g,050$ sucre $= 16^{cc},9$ chlorure d'étain.

Après l'action des 90 centimètres cubes, soit $11^g,77$ sucre, on a, par exemple, employé 2 centimètres cubes de chlorure d'étain :

$$\text{On aura : } \frac{16^{cc},9 \text{ chlorure d'étain}}{0^g,05 \text{ sucre}} = \frac{2^{cc}}{x}; \quad x = 0^g,0059 \text{ sucre,}$$

et : $\frac{11^g,77 \text{ sucre}}{0^g,00590} = \frac{100^g}{x}$; $x = 0^g,050$ sucre correspondant à $0^g,052$ de glucose.

DOSAGE DU SUCRE PAR LES 4/5 [1]

« Certains essayeurs, pour aller plus vite, ont négligé de faire l'essai saccharimétrique et voici comment ils le remplaçaient :

« Au lieu de doser directement l'eau, le sucre, les cendres et d'attribuer la différence jusqu'à 100 aux matières organiques, c'est le sucre qu'ils calculaient par différence ; ils avaient remarqué que le plus souvent le chiffre des matières organiques, calculé par différence, se trouvait être à peu près les 4/5 du chiffre des cendres ; ils ont fait une règle et voici comment ils essayaient un sucre :

Ils dosaient l'eau, soit.	2.00	pour 100.
Les cendres, soit.	2.50	—
Ils prenaient les 4/5 de 2.50 pour représenter les matières organiques	2.00	—
Cela fait ensemble.	6.50	—

« Ils prenaient la différence jusqu'à 100, soit 93,50, pour en déduire le titre saccharimétrique qu'ils plaçaient, bien entendu, en tête de leur bulletin et non à la fin, comme nous le faisons ici.

« Quand même il serait vrai, ce qui n'est pas, que les matières organiques soient toujours et nécessairement les 4/5 du poids des cendres, cette méthode serait mauvaise, parce que si l'essayeur a fait des erreurs dans le dosage de l'eau et l'incinération, ces erreurs se trouvent reportées sur le dosage principal, celui du sucre pur, et cela sans que le contrôle du saccharimètre leur fasse soupçonner leur erreur ; mais en outre il est faux que cette relation entre la quantité de matières organiques et les cendres soit invariable, elle est très-variable, au contraire, selon la nature des betteraves travaillées et selon le mode de travail.

EXEMPLES

	SUCRE DE 2e JET.	
	Analyse directe.	Analyse par les 4/5.
Eau	1.800	1.800
Sucre	94.970	96.184
Cendres	1.120	1.120
Inconnu	2.110	0.896
	100.000	100.000
Rendement au coefficient 5. . . .	89.37	90.58

1. Extrait du mémoire de M. Woussen.

« Cette différence devient encore plus grande dans des sucres dosant 92 à 93 pour 100 de sucre.

	SUCRE DE 2e JET.	
	Analyse directe.	Analyse par les 4/5.
	—	—
Eau.	2.020	2.020
Sucre.	93.600	95.059
Cendres	1.456	1.456
Inconnu.	2.924	1.465
	100.000	100.000
Rendement au coefficient 5. . . .	86.32	87.77 »

MÉLASSES

ANALYSE DES MÉLASSES

DÉTERMINATION DE LA DENSITÉ DES MÉLASSES

Tarer un flacon d'un litre jaugé, à large ouverture, le remplir de mélasse et peser : d'où la densité.

Le tableau, page 4, donne le degré Bé. correspondant : il varie de 42 à 44, soit une densité de 1,412 à 1,450.

On peut encore chauffer la mélasse à 50° ou 60° pour lui donner la fluidité nécessaire, la verser dans une large éprouvette, introduire le densimètre et laisser refroidir. Ce procédé est long et peu précis[1].

DOSAGE DE L'EAU ET DES CENDRES

(Voir l'analyse des masses cuites, page 62.)

1. Il serait à désirer que les aréomètres fussent remplacés dans tous les cas par les densimètres sur la graduation desquels il ne peut y avoir de discussion et qui, d'ailleurs, sont d'un emploi plus logique. Les densimètres destinés à peser les jus sont gradués de 1° à 100°. Soit un jus marquant 3°,5. Ce chiffre veut dire que l'eau pesant 1000, le jus pèsera 1035.

DOSAGE DU SUCRE DANS LES MÉLASSES

On dose le sucre par le saccharimètre ou par la liqueur de Felhing.

1° Par le saccharimètre : on prend 20 grammes de mélasse et 40 à 50 grammes d'eau. On ajoute de l'acétate tribasique de plomb en assez grande quantité pour décolorer la liqueur; faire 100 centimètres cubes, filtrer et titrer.

On a en moyenne 5 à 6° au saccharimètre ordinaire, et 13 à 14° avec le saccharimètre à pénombre;

2° Avec la liqueur de Felhing : on pèse 5 grammes de mélasse, on ajoute 1 centimètre cube d'acide chlorhydrique et 200 centimètres cubes d'eau, et on fait 500 centimètres cubes. On dose avec 5 centimètres cubes de liqueur de Felhing et le sel d'étain, comme pour le jus (voir page 29).

Pour doser le glucose dans les mélasses (voir recherche et dosage du glucose dans les sucres de 2e et 3e jet, page 31).

On peut aussi employer le saccharimètre en détruisant le glucose.

Prendre 10 grammes de mélasse, ajouter 1 centimètre cube de solution de soude, faire chauffer et ajouter acétate de plomb, etc.

ANALYSE D'UNE MÉLASSE ORDINAIRE

Eau	15	à	20
Sucre	52	à	46
Cendres	12	à	9
Matières organiques étrangères	21	à	25
	100		100

Azote pour 100 = 1,5 à 2.

COMPOSITION DES CENDRES DE MÉLASSES

Acide carbonique	27.00	à	30.00
— silicique	0.05	à	0.35
— sulfurique	1.90	à	1.35
— phosphorique	0.20	à	0.50
Chlore	6.00	à	8.00
Oxyde de fer	0.20	à	0.05
Alumine	0.55	à	0.10
Chaux	9.00	à	5.00
Magnésie	0.20	à	0.30
Potasse	48.00	à	50.00
Soude	9.00	à	7.00
	102.10	à	102.65
A déduire : oxygène pour le chlore	1.5	à	1.80

Dans les salins on trouve en moyenne :

Eau	18.00
Charbon	10.00
Sable	5.00
Alumine et oxyde de fer	1.50
Chaux	2.00
Magnésie	0.40
Potasse	33.00
Soude	4.00
Silice	0.50
Acide phosphorique	0.05
Chlore	4.50
Acide carbonique	21.25
Acide sulfurique	1.30
	101.50
A déduire : oxygène	1.27

QUANTITÉ D'AZOTE

CONTENU DANS LES DIVERS PRODUITS DE LA BETTERAVE [1]

	AZOTE ORGANIQUE.	AZOTE AMMONIACAL.
Betterave	0.1492	0.0116
Pulpe	0.2768	0.0104
Jus	0.0864	0.0159
Jus de 1re carbonatation	0.0554	0.0094
Écumes de 1re carbonatation	0.3611	0.0030
Jus de 2me carbonatation	0.0498	0.0100
Écumes de 2me carbonatation	0.1956	0.0048
Jus filtrés	0.0637	0.0079
Sirop après triple effet	0.3309	0.0113
Sirop après filtration	0.2795	0.0211
Masse cuite, 1er jet	0.6498	0.0086
Sucre, 1er jet	0.0000	0.0000
Mélasse, 1er jet	0.9948	0.0112
Masse cuite, 2me jet	1.1006	0.0145
Sucre, 2me jet	0.1377	0.0006
Mélasse, 2me jet	1.2640	0.0180

D'après la proportion d'azote contenue dans les mélasses et dans le sucre de deuxième jet, on peut déduire la composition approximative de ce dernier.

1. D'après les recherches de M. Renard.

FOUR A CHAUX

DOSAGE DE L'ACIDE CARBONIQUE DANS LE GAZ DU FOUR A CHAUX

Les proportions de coke et de calcaire que l'on introduit dans le four sont variables; on emploie en moyenne 15 de coke sec pour 100 de carbonate de chaux.

Lorsque l'allure du four est convenable, le gaz renferme environ :

20 à 25 pour 100 d'acide carbonique.

Cet acide carbonique est fréquemment accompagné d'oxyde de carbone (6 à 9 pour 100). La formation d'oxyde de carbone est due pour la plus grande partie à un excès de coke porté à l'incandescence que traverse l'acide carbonique ($CO^2 + C = 2CO$) et à un réglage défectueux de l'entrée de l'air.

D'après M. Possoz, les foyers et carnaux doivent et peuvent être disposés de manière à cuire le calcaire sans mélange de coke; on y arrive avec les dimensions indiquées jadis par lui; plusieurs fabriques ont marché dans ces conditions et le gaz renfermait : 25 à 28 pour 100 d'acide carbonique. Il existe aussi des fours continus sans foyers dans lesquels on introduit le mélange de calcaire et de coke ou d'escarbilles (12 à 20 pour 100), et qui donnent de bons résultats.

On a dit précédemment (voir à la carbonatation) l'intérêt considérable qui s'attache à la production d'un gaz riche.

Dans tous les cas on peut diminuer la production d'oxyde de carbone par une ouverture convenable des carnaux latéraux qui donnent accès à l'air ; ce dernier, en contact avec l'oxyde de carbone porté à une haute température, le brûle et le transforme en acide carbonique.

Pour doser l'acide carbonique on peut employer plusieurs appareils, tous fondés sur l'absorption de l'acide par une solution alcaline (soude ou potasse caustique).

Le laboratoire renfermant une prise de gaz du four, branchée sur la conduite de la fabrique, on commence par ouvrir quelques instants le robinet. Le gaz se renouvelle, et la portion sur laquelle porte l'analyse correspond à l'allure du four.

On prend une éprouvette graduée de 50 centimètres cubes qu'on remplit d'eau et qu'on place ensuite dans une cuve à eau. On introduit dans l'éprouvette graduée 30 à 40 centimètres cubes de gaz et on mesure rapidement le volume; dans cette condition le niveau de l'eau dans l'intérieur de l'éprouvette doit être le même que celui de la cuve. On prend un fragment de soude caustique (en bâton) qu'on introduit dans l'éprouvette graduée, on ferme ensuite avec le pouce recouvert d'un morceau de caoutchouc et on agite vivement; après avoir retiré l'éprouvette de la cuve, la placer de nouveau sous l'eau, faire coïncider les deux niveaux et lire. La différence des volumes représente la quantité d'acide carbonique absorbé. On calcule pour 100 volumes de gaz. Une proportion d'acide inférieure à 20 pour 100 indique une mauvaise marche du four.

On peut doser de la même manière l'oxyde de carbone en substituant à la potasse une solution de chlorure de cuivre ammoniacal qui a la propriété d'absorber ce gaz. On agira sur le gaz privé d'acide carbonique en introduisant, à l'aide d'une pipette courbe, la solution cuivrique dans l'éprouvette placée sur du mercure.

On pourrait encore employer la balance pour doser l'acide carbonique en faisant passer lentement un volume connu de gaz sec dans une solution de soude contenue dans un flacon taré.

L'augmentation de poids divisée par la densité de l'acide carbonique indiquerait la richesse du gaz.

M. Possoz a construit pour le même usage un appareil ingénieux qui permet de doser l'acide carbonique tout en évitant le contact de la solution alcaline avec les mains.

Récemment M. Orsat a imaginé une disposition qui conduit aux mêmes résultats.

CUISSON DE LA CHAUX

On constate le degré de cuisson de la chaux, en dosant la quantité de carbonate qu'elle contient (voir l'essai des calcaires, dosage de l'acide carbonique).

On peut également employer le calcimètre de Scheibler. Dans cet appareil le carbonate de chaux, placé dans un vase fermé, est additionné d'acide chlorhydrique; la pression exercée par le gaz formé agit sur un ballon en caoutchouc qui transmet sa pression à une colonne d'eau placée dans un tube gradué; un tableau sert à déterminer le volume d'acide carbonique d'après le niveau de la colonne d'eau. La chaux, convenablement calcinée, peut contenir encore de 4 à 8 pour 100 de carbonate de chaux.

ANALYSE DU CALCAIRE

On dose l'acide carbonique et on en déduit par le calcul le poids correspondant de carbonate de chaux.

On emploie pour ce dosage un appareil disposé comme suit : un petit ballon de 50 à 80 centimètres cubes, fermé par un bouchon en caoutchouc, est muni de deux tubes recourbés dont l'un porte une partie renflée, destinée à recevoir de la pierre ponce imbibée d'acide sulfurique et quelques fragments de borax boursouflé qui retient le gaz chlorhydrique entraîné; le deuxième également renflé et effilé à son extrémité inférieure renferme de l'acide chlorhydrique pur et concentré.

On introduit dans le ballon 1 gramme de carbonate sec, on ajoute 5 à 6 centimètres cubes d'eau. On pèse l'appareil, on ouvre le tube à pierre ponce et on laisse couler lentement l'acide chlorhydrique; quand tout l'acide est passé du tube dans le ballon, on ferme ce tube, puis on chauffe légèrement la partie inférieure du ballon pour chasser le gaz carbonique dissous ; on laisse refroidir et on aspire par le tube à pierre ponce; l'air en entrant chasse l'acide carbonique. (Pour des analyses d'une grande exactitude l'air aspiré, avant d'entrer dans le ballon, devrait être desséché sur de la pierre ponce sulfurique et de la potasse.) On pèse, on aspire de nouveau et une seconde pesée indique la disparition totale de l'acide carbonique.

(Voir le tableau des équivalents et des coefficients, page 78.)

Pour doser les matières organiques que renferme quelquefois le carbonate de chaux, on pèse dans une capsule de platine tarée 2 grammes de matière sèche et on chauffe au rouge sombre. On ajoute après refroidissement quelques gouttes d'une solution de carbonate d'ammoniaque pour transformer en carbonate la quantité de chaux formée par suite de la calcination.

On fait sécher à l'étuve et on chauffe de nouveau vers le rouge sombre.

On pèse : la différence indique la proportion de matières organiques.

Pour doser la silice, on prend 5 grammes de matière sèche que l'on traite par 8 à 10 grammes de carbonate de soude dans un creuset de platine.

On chauffe fortement, on introduit le creuset dans l'eau froide et on ajoute peu à peu de l'acide chlorhydrique, on évapore à sec au bain-marie et on chauffe quelques instants à feu nu. La silice devient insoluble. On traite par l'eau aiguisée d'acide chlorhydrique, on filtre, on lave à l'eau chaude; sécher, calciner et peser; si le calcaire contient de l'alumine on la sépare au moyen de l'ammoniaque dans la liqueur provenant du traitement de la silice et évaporée à sec. On peut encore traiter directement le calcaire par l'acide chlorhydrique, mais dans ce cas le résidu peut contenir, outre la silice, des combinaisons de silice et d'alumine ou de chaux insolubles dans les acides. La présence de la silice dans les jus sucrés provoque des dépôts sur les tubes du triple effet et nuit par conséquent à l'évaporation.

ANALYSE DU COKE ET DE LA HOUILLE

On dose *le soufre, l'eau et les cendres.* On détermine l'eau sur 10 grammes de matière pulvérisée, les cendres sur 5 grammes.

Soufre : on prend 2 à 5 grammes de charbon ou de coke, on fait d'autre part un mélange de nitrate de potasse pur fondu et de carbonate de soude, par parties égales.

On prend 5 à 6 grammes de ce mélange que l'on ajoute au charbon ou au coke, et on met le tout dans un creuset de platine ; on chauffe doucement d'abord, puis jusqu'au rouge.

On reprend par l'eau, on filtre si la solution est trouble, et on ajoute de l'acide azotique pur par petites portions, puis de l'azotate de baryte en excès.

Faire bouillir et filtrer; laver à l'eau chaude, sécher, calciner, additionner le résidu de quelques gouttes d'acide sulfurique pour transformer en sulfate le sulfure de baryum provenant de la réduction du sulfate de baryte par le charbon du filtre.

On chauffe de nouveau et on pèse, d'où le poids de sulfate de baryte. (Voir le calcul par le coefficient, page 78.)

ANALYSE DES EAUX

ANALYSE QUALITATIVE

Prendre une partie de l'eau à essayer, verser 30 à 40 centimètres cubes d'eau de chaux; s'il y a précipité ou trouble, on conclut à la présence de bicarbonate en proportion notable.

On recherche le chlore par le nitrate d'argent dans une solution additionnée de quelques gouttes d'acide azotique pur; et l'acide sulfurique, par l'azotate de baryte dans une solution acide.

On reconnaît la chaux par le précipité qu'elle forme avec l'oxalate d'ammoniaque dans une liqueur ammoniacale. Si les précipités apparaissent difficilement, on évapore et on cherche ces substances dans le résidu. Certaines réactions ne se manifestent pas dans les solutions très-étendues.

ANALYSE QUANTITATIVE

Évaporer 2 à 3 litres d'eau, déterminer le résidu sec par litre et traiter par l'acide chlorhydrique, évaporer à sec, reprendre par l'eau acidulée d'acide chlorhydrique, filtrer et laver; on obtient ainsi la silice.

Soit 100 centimètres cubes de solution; on prend 50 centimètres cubes dans lesquels on dose la chaux en traitant par l'oxalate d'ammoniaque; faire bouillir et filtrer, calciner, ajouter quelques gouttes de carbonate d'ammoniaque, chauffer au rouge sombre; le poids après calcination représente le carbonate de chaux provenant de la transformation de l'oxalate par la chaleur. On calcule par le coefficient la quantité de chaux correspondante. Si l'essai qualitatif a donné un précipité de sulfate de baryte, on détermine l'acide sulfurique dans la solution restant, au moyen du chlorure de baryum ou de l'azotate de baryte.

Le précipité est traité comme pour le dosage du soufre dans le charbon et le coke (voir page 72).

On a donc : 1° La quantité de chaux totale;

2° La quantité d'acide sulfurique.

Les sels alcalins contenus dans l'eau s'ajoutant à ceux que les jus enlèvent à la betterave ont pour inconvénient d'élever le coefficient salin des sucres. Il n'en est pas de même du bicarbonate de chaux qu'on rencontre dans beaucoup d'eaux et qui participe dans une certaine limite à la purification des jus.

On calcule la quantité de chaux combinée avec l'acide sulfurique; l'excès est mis sous forme de bicarbonate.

Si le total de ces deux quantités ne représente pas le résidu par litre, on peut être certain de la présence d'alcalis (potasse, soude) ou de magnésie.

(Voir, pour la recherche de ces alcalis, l'ouvrage de Frésénius, pages 697 et 685.)

TRAVAIL DE L'OSMOSE

GÉNÉRALITÉS SUR L'OSMOSE

Quoique les détails de la fabrication proprement dite n'entrent pas dans le cadre de ces notes, il a paru utile de fournir quelques données pratiques sur ce sujet important ainsi que des exemples d'analyses. Le résumé qui suit est dû à M. Ragot, chimiste de la sucrerie de Meaux.

Le sirop d'égout de premier jet est envoyé directement à l'osmogène, à 38° B., environ.

Les sirops et l'eau sont portés à une température variant de 70 à 90°; une température d'au moins 70° est nécessaire pour prévenir la fermentation.

Si les eaux sont calcaires, on doit les purifier pour éviter l'encrassement des papiers, qu'on lave à l'eau chaude toutes les vingt-quatre heures, et dont la durée peut être estimée à six ou sept jours. L'emploi de l'acide chlorhydrique et du carbonate de soude pour laver les papiers entraîne leur rapide altération.

Dans les usines qui ont un travail très-alcalin, il est nécessaire de précipiter la chaux.

On osmose les sirops d'égout de 1er jet jusqu'à 22 à 26° B., à chaud.

—	—	2e	—	16 à 22°	—
—	—	3e	—	12 à 16°	—

PERTE PAR L'OSMOSE DANS LES PETITES EAUX.

Pour sirops de 1er jet, la perte est de 0 à 7 pour 100, c'est-à dire que l'on obtient 100 litres de masse cuite osmosée au lieu de 106 à 107 qu'on obtiendrait directement.

En 2e jet, la perte est de 10 à 12 pour 100.

Et en 3e jet, de 12 à 15 pour 100.

La proportion d'eau que l'on introduit dans l'osmogène varie avec la dilution des mélasses.

Lorsque les eaux d'exosmose marquent moins de 1° 1/2 Bé, à chaud, le travail est dit à eaux faibles; si elles atteignent 3 à 5° Bé, il est dit à eaux fortes.

On applique ces dernières données dans le cas où on veut obtenir des mélasses d'exosmose.

Le volume de l'eau employée est d'environ cinq à sept fois le volume des mélasses travaillées.

Soit un sirop de 1er jet osmosé à 20° à chaud (23° à froid) et marquant primitivement 39°.

Les eaux d'exosmose ayant une densité de 1005,5 soit 3/4° B^{é}, on aura employé 5^{h},75 d'eau par hectolitre de mélasse.

ANALYSES.

1. Série complète des produits. (Osmose appliquée aux égouts de 3e jet.)

	SIROP D'ÉGOUT DE 3e JET.	SIROPS OSMOSÉS A 16° B. A CHAUD.	EAUX D'EXOSMOSE.	MASSE CUITE DE 4e JET.
Densité à 17°,5 centig.	1372 = 39°,1 B.	1143 = 18°B.	1018	»
Sucre.	44.32	22.55	1.23	57.75
Cendres.	11.01	3.55	1.31	9.27
Matières organiques.	15.97	4.80	1.41	15.03
Eau.	28.70	69.10	96.05	17.95
Coefficient salin	4.02	6.35	0.94	6.22
Coefficient de pureté	62.10	72.90	0.33	70.30
Cendres, pour 100 de sucre . .	24.84	15.74	10.6	16.05
Matières organiques, pour 100 de sucre.	36.03	21.72	11.4	26.02
Matières étrangères totales, pour 100 de sucre.	60.87	37.46	22.0	42.07

La masse cuite précédente, turbinée après deux mois d'empli, a rendu 11 pour 100 en poids ou 15^{k},700 à l'hectolitre, de sucre nuance 7/9 titrant 92°,15, dont suit l'analyse :

Sucre cristallisable	96.50
Sucre incristallisable	0.05
Cendres.	0.86
Eau.	1.84
Matières indéterminées	0.75
Titrage au coefficient 5.	92.15

Mélasse d'exosmose (petites eaux concentrées) :

Densité, 40°,4 B.

Sucre.	22.00
Cendres (incinération simple).	28.80
Matières organiques.	24.37
Eau.	30.83

Salin ou résidu d'incinération simple des mélasses d'exosmose :

Matières insolubles	2.45
Oxyde de fer, alumine, chaux et magnésie	1.56
Carbonate de potasse	46.83
Sulfate de potasse	4.03
Chlorure de potassium	29.81
Carbonate de soude	14.36
Sels solubles non dosés et pertes	0.96
	100.00

Résultats obtenus avec un sirop d'égout de 1er jet, osmosé à 26° à chaud.

Rendement moyen, masse cuite non osmosée, 40[k],6 à l'hectolitre ou 29 pour 100 en poids. Rendement moyen, masse cuite osmosée, 42 kilogrammes à l'hectolitre ou 30[k],4 en poids.

Titrages : 1° masse non osmosée, 84.20 ;

2° masse osmosée, 87.75 nuance 10/13.

Titrage du sucre ordinaire 13/14, 87.5.

Titrage du sucre osmosé, 91.20. Soit donc sur le titrage, en moyenne, une augmentation de 3[k],75 sucre.

Pour le 3e jet, les résultats peuvent s'évaluer comme suit :

La masse cuite, 3e jet ordinaire rendant en moyenne 16 kilogrammes à l'hectolitre (soit 11.4 pour 100 en poids) d'un sucre nuancé 7/9, titrant 85.5, la masse cuite, 3e jet, osmosée, rend en moyenne 25 kilogrammes à l'hectolitre (soit 17.8 pour 100 en poids) d'un sucre nuancé 7/9 titrant en moyenne 89°.

Analyse :

	SUCRES DE 3e JET 7/9.			SUCRES DE 2e JET 10/13		
	ORDINAIRE.	OSMOSÉ.	OSMOSÉ meilleur lot.	ORDINAIRE.	OSMOSÉ.	OSMOSÉ meilleur lot.
Sucre cristallisable	95.00	96.50	97.00	94.50	96.00	97.00
Sucre incristallisable	0.05	0.05	0.05	0.04	0.04	0.03
Cendres	1.89	1.12	0.77	1.59	1.02	0.94
Eau	2.02	1.42	1.64	2.38	2.24	1.58
Matières indéterminées	1.04	0.81	0.54	1.49	0.70	0.45
Titrage au coefficient 5	85.50	90.85	93.10	86.51	90.86	92.27

TABLEAU DES ÉQUIVALENTS PRINCIPAUX

Al	13.75	Cl	35.50	Mn	27.50
Au	195.00	Co	29.50	Na	23.00
Ag	108.00	Cr	26.30	Ni	29.50
Ar	75.00	Cu	31.75	O	8.00
Az	14.00	Sn	59.00	Pb	103.50
Ba	68.50	Fe	28.00	Pd	53.00
Bi	210.00	H	1.00	Ph	31.00
Bo	11.00	Hg	100.00	Pt	98.94
Br	80.00	I	127.00	S	16.00
C	6.00	K	39.10	Sb	122.00
Ca	20.00	Li	7.00	Si	14.00
Cd	56.00	Mg	12.00	Zn	32.50

TABLEAU DES COEFFICIENTS POUR ANALYSES

$CaO,Co^2 \times 0,44 = Co^2$
$CaO,Co^2 \times 0,56 = CaO$
$Co^2 \times 2,272 = CaO,Co^2$
$CaO \times 1,785 = CaO,Co^2$
$SO^3,BaO \times 0,343 = So^3$
$SO^3,BaO \times 0,656 = BaO$
$SO^3,BaO \times 0,1370 = S$
$Fe \times 1,4285 = Fe^2O^3$
$SO^3 \times 1,7 = CaO,SO^3$
$CaO \times 2,428 = CaO,SO^3$
$SO^3,CaO \times 0,411 = CaO$
$SO^3,CaO \times 0,588 = SO^3$
$PbO,SO^3 \times 0,6831 = Pb$
$PbO,SO^3 \times 0,3168 = SO^3$

$Ag,Cl \times 0,752 = Ag$
$Ag,Cl \times 0,247 = Cl$
$Fe^2O^3 \times 0,7 = 2\,Fe$
$Fe^2O^3 \times 0,9 = 2\,FeO$
$KCl \times 0,631 = KO$
$SO^3,KO \times 0,5407 = KO$
$KCl,PtCl^2 \times 0,305 = KCl$
$KCl,PtCl^2 \times 0,192 = KO$
$SCu^2 \times 0,7988 = Cu$
$SnO^2 \times 0,7866 = Sn$
$Sn \times 1,27 = SnO^2$
$PhO^5,2MgO \times 0,6396 = PhO^5$
$PhO^5 \times 2,183 = PhO^5,3CaO$

TABLE DES MATIÈRES

DE LA BETTERAVE

POIDS DES BETTERAVES TRAVAILLÉES

EAU AJOUTÉE A LA RAPE

QUOTIENT DE PURETÉ DU JUS

VALEUR RELATIVE DE LA BETTERAVE

DOSAGE DU SUCRE DANS LES BETTERAVES

DOSAGE DU SUCRE PAR LE SACCHARIMÈTRE

DOSAGE DU SUCRE PAR LES LIQUEURS TITRÉES

EMPLOI DE LA LIQUEUR DE FELHING

DOSAGE DU SUCRE PAR LA LIQUEUR DE M. POSSOZ ET LE PROTOCHLORURE D'ÉTAIN

DOSAGE DU SUCRE EN PRÉSENCE DU GLUCOSE DANS LES BETTERAVES ALTÉRÉES

JUS

DE LA PULPE

CHAUX

QUANTITÉ DE CHAUX PAR HECTOLITRE DE JUS

PROCÉDÉS DE M. POSSOZ

TITRES ALCALINS

TITRE ALCALIN DES JUS DE 1re ET 2e CARBONATATION, DES FILTRES-PRESSES DES SIROPS, ETC.

ÉCUMES

DU NOIR

MASSE CUITE

ANALYSE DES MASSES CUITES

SUCRES

ANALYSE DES SUCRES, 1er, 2e ET 3e JETS

MÉLASSES

ANALYSE DES MÉLASSES

FOUR A CHAUX

ANALYSE DU CALCAIRE

ANALYSE DU COKE ET DE LA HOUILLE

ANALYSES DES EAUX

TRAVAIL DE L'OSMOSE

Les chiffres de chaque colonne des tableaux devront être déterminés suivant les indications ci-jointes.

Poids de la betterave	Tous les jours.
Contrôlé	Deux fois par semaine.
Eau ajoutée pour 100 kilos de betteraves	Id.
Sucre pour 100 centimètres cubes de jus normal	Trois fois par semaine.
Sucre pour 100 kilos de betteraves	Id.
Sucre pour 100 centimètres cubes de jus des presses	Id.
Quotient de pureté du jus normal	Deux fois par semaine.
Valeur relative de la betterave	Id.
Poids de la pulpe (il est nécessaire d'avoir le poids total) : vérification	Deux fois par semaine.
Poids de la pulpe pour 100 kilos de betteraves	Id.
Analyse de la pulpe	Trois fois par semaine.
Hectolitres de jus	Volume total.
Densité du jus après 2e carbonatation	Tous les jours.
Quantité de chaux par hectolitre de jus	Id.
Titres alcalins après 1re et 2e carbonatations	Id.
Durée des carbonatations	Id.
Température	Id.
Jus des écumes. — Titre alcalin et densité	Deux fois par semaine.
Poids des écumes (il est nécessaire d'avoir le poids total).	Id.
Écumes pour 100 kilos de betteraves	Deux fois par semaine.
Analyse des écumes	Id.
Quantité de combustible et de calcaire secs	Deux fois par semaine.
Combustible pour 100 de calcaire sec	Id.
Gaz du four. Analyse { Co^2	Tous les jours.
Gaz du four. Analyse { Co	Deux fois par semaine.
Cuisson de la chaux. Dosage de CaO,Co^2	Tous les jours.
Cuisson des noirs	Id.
Acide chlorhydrique pour 100 de noir	Id.
Eau de lavage des filtres rejetée. Volume et sucre	Id.
Quantité de noir	Deux fois par semaine.

Titre décolorant du noir.	Trois fois par semaine.
Titre absorbant pour la chaux	Deux fois par semaine.
Durée des cuites	Trois fois par semaine.
Température de la cuite au turbinage	Id.
Temps d'empli.	Id.
Quantité de mélasse	Tous les jours.
Masse cuite en poids	A chaque cuite.
Coloration de la masse cuite ramenée	Une fois par semaine.
Rendement en masse cuite par hectolitre de jus.	A chaque cuite.
Masse cuite pour 100 kilos de betteraves.	Id.
Rendement à l'essai pour 100 kilos de masse cuite. . . .	Deux fois par semaine.
Rendement à la turbine pour 100 kilos de masse cuite. .	Id.
Rendement total à la turbine, en poids.	Tous les jours.
Analyses des cuites.	Trois fois par semaine.
Analyses des mélasses.	Deux fois par semaine.
Temps d'empli des mélasses	
Température des emplis.	Deux fois par semaine.
Quantité de mélasse	Id.
Analyse du combustible.	A chaque livraison.
Analyse du calcaire	
Nature des eaux	
Analyse des eaux.	Deux fois par campagne.

PARIS. — J. CLAYE, IMPRIMEUR, 7, RUE SAINT-BENOIT. — [1205]

www.ingramcontent.com/pod-product-compliance
Lightning Source LLC
Chambersburg PA
CBHW050554210326
41521CB00008B/960

* 9 7 8 2 0 1 9 6 1 3 8 8 4 *